建筑工程安全管理

颜剑锋　武田艳　柯翔西　主编

中国建筑工业出版社

图书在版编目（CIP）数据

建筑工程安全管理/颜剑锋，武田艳，柯翔西主编.
北京：中国建筑工业出版社，2012.10
ISBN 978-7-112-14489-1

Ⅰ．①建… Ⅱ．①颜…②武…③柯… Ⅲ．①建筑
工程-安全管理 Ⅳ．①TU714

中国版本图书馆 CIP 数据核字（2012）第 153181 号

　　本书系统讲解了建筑工程领域关于安全管理的一般理论，重点对安全制度建设、安全
控制过程及安全评价等内容进行论述。本书从管理的计划、组织、控制、评估等方面全面
阐述建筑工程安全管理的相关理论，避免过分强调安全技术，而忽视管理制度、管理程序
与方法、安全评估等方面的内容。

　　本书具有较强的通用性和实践性，通过学习能够使读者对建筑工程安全管理理论有系
统性的理解，便于更好地解决项目管理中或从事有关工程咨询业务中所遇到的安全问题。

＊　　＊　　＊

责任编辑：石枫华
责任设计：陈　旭
责任校对：刘梦然　王雪竹

建筑工程安全管理

颜剑锋　武田艳　柯翔西　主编

＊

中国建筑工业出版社出版、发行（北京西郊百万庄）
各地新华书店、建筑书店经销
霸州市顺浩图文科技发展有限公司制版
北京市密东印刷有限公司印刷

＊

开本：787×1092毫米　1/16　印张：12　字数：300千字
2013年6月第一版　2016年2月第四次印刷
定价：**36.00**元
ISBN 978-7-112-14489-1
（22562）

前　言

我国的建筑行业随着国民经济建设的不断发展和城市化进程的加快有了迅猛的发展，成为重要的支柱产业。但由于建设管理水平、施工水平及技术水平参差不齐，建筑业的伤亡事故发生率一直高居各行业的前列，仅次于交通和采矿业，是高危险行业之一。

为适应高素质、强能力的工程应用型人才培养的需要，为促进建筑企业的项目经理、安全员及有关人员学习、执行现行标准，提高施工现场的安全管理水平，减少施工现场事故的发生率，编者以现行标准为基础，依据安全方面的法律、法规的相关要求，组织编写了本套系列教材。

本书主要介绍了建筑工程领域关于安全管理的一般理论，重点对安全制度建设、安全控制过程及安全评价等内容进行介绍。本书力求从管理的计划、组织、控制、评估等方面全面阐述建筑工程安全管理的相关理论。本书具有较强的通用性和实践性，通过学习能够使读者对建筑工程安全管理理论有系统性的认识，便于更好地解决项目管理中或从事有关工程咨询业务中所遇到的安全问题。

本书共分5章，具体编写分工如下：上海应用技术学院颜剑锋编写第1、2章，上海师范大学陈兴海、上海应用技术学院武田艳与柯翔西合作编写第3章，柯翔西、上海大学陈辉合作编写第4章，武田艳、陈辉合作编写第5章，最终由颜剑锋和武田艳负责全书的统稿和定稿工作。

本书在编写过程中得到了中国建筑工业出版社的有关领导和编辑同志们的热心指导，并得到了上海市教委《土木工程本科教育高地建设项目》的大力支持。本书在编写过程中参考了大量文献，引用了有关专家、同行的研究成果，在此一并表示衷心感谢。

限于编写者水平和经验，书中难免有疏漏和不妥之处，敬请广大读者批评指正。

目　　录

第1章 绪 论

1.1 建筑工程安全管理概述

1.1.1 建筑工程安全管理的概念

1. 安全

安全涉及的范围广阔，从军事战略到国家安全，到依靠警察维持的社会公众安全，再到交通安全、网络安全等，都属于安全问题。安全既包括有形实体安全，如国家安全、社会公众安全、人身安全等，也包括虚拟形态安全，如网络安全等。

顾名思义，安全就是"无危则安，无缺则全"。安全意味着不危险，这是人们长期以来在生产中总结出来的一种传统认识。安全工程观点认为，安全是指在生产过程中免遭不可承受的危险、伤害，包括两个方面含义，一是预知危险，二是消除危险，两者缺一不可。即安全是与危险相互对应的，是我们对生产、生活中免受人身伤害的综合认识。

美国著名学者马斯洛的需求层次理论把需求分成生理需求、安全需求、社交需求、尊重需求和自我实现需求五类，依次由较低层次到较高层次进行排列。即人类在满足生存需求的基础上，谋求安全的需要，这是人类要求保障自身安全、摆脱失业和丧失财产威胁、避免职业病的侵袭等方面的需要，可见"安全"对于人类来说非常重要。马斯洛认为，整个有机体是一个追求安全的机制，人的感受器官、效应器官、智能和其他能量主要是寻求安全的工具，甚至可以把科学和人生观都看成是满足安全需要的一部分。

安全对于我们来说，极为重要，离开了安全，一切都失去了意义。

2. 安全生产

安全生产是指在劳动过程中，努力改善劳动条件，克服不安全因素，防止伤亡事故的发生，使劳动生产在保证劳动者安全健康和国家财产以及人民生命财产安全的前提下顺利进行。

安全生产一直以来是我国的重要国策。安全与生产的关系可用"生产必须安全，安全促进生产"这句话来概括。二者是一个有机的整体，不能分割更不能对立。

对国家来说，安全生产关系到国家的稳定、国民经济健康持续的发展以及构建和谐社会目标的实现。

对社会来说，安全生产是社会进步与文明的标志。一个伤亡事故频发的社会不能称为文明的社会。社会的团结需要人民的安居乐业，身心健康。

对企业来说，安全生产是企业效益的前提，一旦发生安全生产事故，将会造成企业有形和无形的经济损失，甚至会给企业造成致命的打击。

对家庭来说，一次伤亡事故，可能造成一个家庭的支离破碎。这种打击往往会给家庭成员带来经济、心理、生理等多方面创伤。

对个人来说，最宝贵的便是生命和健康，而频发的安全生产事故使二者受到严重的威胁。

由此可见，安全生产的意义非常重大。"安全第一，预防为主"已成为了我国安全生产管理的基本方针。

3. 安全管理

管理是指在某组织中的管理者，为了实现组织既定目标而进行的计划、组织、指挥、协调和控制的过程。

安全管理可以定义为管理者为实现安全生产目标对生产活动进行的计划、组织、指挥、协调和控制的一系列活动，以保护员工在生产过程中的安全与健康。其主要任务是：加强劳动保护工作，改善劳动条件，加强安全作业管理，搞好安全生产，保护职工的安全和健康。

建筑工程安全管理是安全管理原理和方法在建筑领域的具体应用，所谓建筑工程安全管理，是指以国家的法律、法规、技术标准和施工企业的标准及制度为依据，采取各种手段，对建筑工程生产的安全状况实施有效制约的一切活动，是管理者对安全生产进行建章立制，进行计划、组织、指挥、协调和控制的一系列活动，是建筑工程管理的一个重要部分。目的是保护职工在生产过程中的安全与健康，保证人身、财产安全。它包括宏观安全管理和微观安全管理两个方面。

宏观安全管理主要是指国家安全生产管理机构以及建设行政主管部门从组织、法律法规、执法监察等方面对建设项目的安全生产进行管理。它是一种间接的管理，同时也是微观管理的行动指南。实施宏观安全管理的主体是各级政府机构。

微观安全管理主要是指直接参与对建设项目的安全管理，包括建筑企业、业主或业主委托的监理机构、中介组织等对建筑项目安全生产的计划、组织、实施、控制、协调、监督和管理。微观管理是直接的、具体的，它是安全管理思想、安全管理法律法规以及标准指南的体现。实施微观安全管理的主体主要是施工企业及其他相关企业。

宏观和微观的建筑安全管理对建筑安全生产都是必不可少的，它们是相辅相成的。为了保护建筑业从业人员的安全，保证生产的正常进行，就必须加强安全管理，消除各种危险因素，确保安全生产，只有抓好安全生产才能提高生产经营单位的安全程度。

4. 安全管理在项目管理中的地位

建筑工程安全管理对国家发展、社会稳定、企业盈利、人民安居有着重大意义，是工程项目管理的内容之一。质量、成本、工期、安全是建筑工程项目管理的四大控制目标。它们之间的关系如图 1-1 所示。

项目管理总目标由四个目标共同组成，安全是基础，因为：

（1）安全是质量的基础。只有良好的安全措施保证，作业人员才能较好地发挥技术水平，质量也就有了保障；

（2）安全是进度的前提。只有在安全工作完全落实的条件下，建筑企业在缩短工期时才不会出现严重的不安全事故；

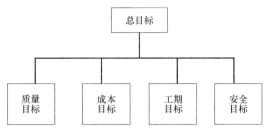

图 1-1　建筑工程项目四大目标层次图

（3）安全是成本的保证。安全事故的发生必会对建筑企业和业主带来巨大的经济损失，工程建设也无法顺利进行。

这四个目标互相作用，形成一个有机的整体，共同推动项目的实施。只有四大目标统一实现，项目管理的总目标才得以实现。

1.1.2　建筑工程安全管理的特征

建筑工程的特点，给安全管理工作带来了较大的困难和阻力，决定了建筑安全管理具有自身的特点，这在施工阶段尤为突出。

1. 流动性

建筑产品依附于土地而存在，在同一个地方只能修建一个建筑物，建筑企业需要不断地从一个地方移动到另一个地方进行建筑产品生产。而建筑安全管理的对象是建筑企业和工程项目，也必然要不断地随企业的转移而转移，不断地跟踪建筑企业和工程项目的生产过程。流动性体现在以下三方面：

一是施工队伍的流动性。建筑工程项目具有固定性，这决定了建筑工程项目的生产是随项目的不同而流动的，施工队伍需要不断地从一个地方换到另一个地方进行施工，流动性大，生产周期长，作业环境复杂，可变因素多。

二是人员的流动。由于建筑企业超过 80% 的工人是农民工，人员流动性也较大。大部分农民工没有与企业形成固定的长期合同关系，往往在一个项目完工后即意味着原劳务合同的结束，需与新的项目签订新的合同，这样造成施工作业培训不足，使得违章操作的现象时有发生，这使不安全行为成为主要的事故发生隐患。

三是施工过程的流动。建筑工程从基础、主体到装修各阶段，因分部分项工程、工序的不同，施工方法的不同，现场作业环境、状况和不安全因素都在变化，作业人员经常更换工作环境，特别是需要采取临时性措施，规则性往往较差。

安全教育与培训往往跟不上生产的流动和人员的大量流动，造成安全隐患大量存在，安全形势不容乐观，要求项目的组织管理对安全管理具有高度的适应性和灵活性。

2. 动态性

在传统的建筑工程安全管理中，人们希望将计划做的很精确，但是从项目环境和项目资源的限制上看，过于精确的计划，往往会使其失去指导性，与实际产生冲突，造成实施中的管理混乱。

建筑工程的流水作业环境使得安全管理更富于变化。与其他行业不同，建筑业的工作场所和工作内容都是动态的、变化的。建筑工程安全生产的不确定因素较多，为适应施工现场环境变化，安全管理人员必须具有不断学习、开拓创新、系统而持续地整合内外资源以应对环境变化和安全隐患挑战的能力。因此，现代建筑工程安全管理更强调灵活性和有效性。

另外，由于建筑市场是在不断发展变化的，政府行政管理部门需要针对出现的新情况新问题做出反应，包括各种新的政策、措施以及法规的出台等。即需要保持相关法律法规及相关政策的稳定性，也需要根据不断变化的环境条件进行适当调整。

3. 密集性

首先是劳动密集。目前，我国建筑业工业化程度较低，需要大量人力资源的投入，是典型的劳动密集型行业。由于建筑业集中了大量的农民工，很多没有经过专业技能培训，给安全管理工作提出了挑战。因此，建筑安全生产管理的重点是对人的管理。

其次是资金密集。建筑项目的建设需以大量资金投入为前提，资金投入大决定了项目受制约的因素多，如施工资源的约束、社会经济波动的影响、社会政治的影响等。资金密集性也给安全管理工作带来了较大不确定性。

4. 法规性

宏观的安全管理所面对的是整个建筑市场、众多的建筑企业，安全管理必须保持一定的稳定性，通过一套完善的法律法规体系来进行规范和监督，并通过法律的权威性来统一建筑生产的多样性。

作为经营个体的建筑企业可以在有关法律框架内自行管理，根据项目自身的特征灵活采取合适的安全管理方法和手段，但不得违背国家、行业和地方的相关政策和法规，以及行业的技术标准要求。

5. 协作性

（1）多个建设主体的协作。建筑工程项目的参与主体涉及业主、勘察、设计、施工以及监理等多个单位，它们之间存在着较为复杂的关系，需要通过法律法规以及合同来进行规范。这使得建筑安全管理的难度增加，管理层次多，管理关系复杂。如果组织协调不好，极易出现安全问题。

（2）多个专业的协作。完成整个项目的过程中，涉及管理、经济、法律、建筑、结构、电气、给排水、暖通等相关专业。各专业的协调组织也对安全管理提出了更高的要求。

（3）各级建设行政管理部门在对建筑企业的安全管理过程中应合理确定权限，避免多头管理情形的发生。

综上所述，以上特点决定了建筑工程安全管理的难度较大，表现为安全生产过程不可控，安全管理需要从系统的角度整合各方面的资源来有效地控制安全生产事故的发生。因此，对施工现场的人和环境系统的可靠性，必须进行经常性的检查、分析、判断、调整，强化动态中的安全管理活动。

1.1.3　建筑工程安全管理的意义

建筑工程安全管理的意义有如下几点：

（1）作好安全管理是防止伤亡事故和职业危害的根本对策。

（2）作好安全管理是贯彻落实"安全第一、预防为主"方针的基本保证。

（3）有效的安全管理是促进安全技术和劳动卫生措施发挥应有作用的动力。

（4）安全管理是施工质量的保障。

（5）作好安全管理，有助于改进企业管理，全面推进企业各方面工作的进步，促进经济效益的提高。安全管理是企业管理的重要组成部分，与企业的其他管理密切联系、互相影响、互相促进。

1.2 建筑工程安全管理的原则与内容

1.2.1 建筑工程安全管理的原则

根据现阶段建筑业安全生产现状及特点，要达到安全管理的目标，建筑工程安全管理应遵循以下六个原则：

1. 以人为本的原则

建筑安全管理的目标是保护劳动者的安全与健康不因工作而受到损害，同时减少因建筑安全事故导致的全社会包括个人家庭、企业行业以及社会的损失。这个目标充分体现了以人为本的原则，坚持以人为本是施工现场安全管理的指导思想。

在生产经营活动中，在处理保证安全与实现施工进度、工程成本及其他各项目标的关系上，始终把从业人员和其他人员的人身安全放到首位，绝不能冒生命危险抢工期、抢进度，绝不能依靠减少安全投入达到增加效益、降低成本的目的。

2. 安全第一的原则

我国建筑工程安全管理的方针是"安全第一，预防为主"。"安全第一"就是强调安全，突出安全，把保证安全放在一切工作的首要位置。当生产和安全工作发生矛盾时，安全是第一位的，各项工作要服从安全。

安全第一是从保护生产力的角度和高度，肯定安全在生产活动中的位置和重要性。

3. 预防为主的原则

进行安全管理不是处理事故，而是针对施工特点在施工活动中对人、物和环境采取管理措施，有效地控制不安全因素的发展与扩大，把可能发生的事故消灭在萌芽状态之中，以保证生产活动中人的安全健康。

贯彻"预防为主"原则应做到以下几点：一是要加强全员安全教育与培训，让所有员工切实明白"确保他人的安全是我的职责，确保自己的安全是我的义务"，从根本上消除习惯性违章现象，减少发生安全事故的概率；二是要制订和落实安全技术措施，消除现场的危险源，安全技术措施要有针对性、可行性，并要得到切实的落实；三是要加强防护用品的采购质量和安全检验，确保防护用品的防护效果；四是要加强现场的日常安全巡查与检查，及时辨识现场的危险源，并对危险源进行评价，制订有效措施予以控制。

4. 动态管理的原则

安全管理不是少数管理者和安全机构的事，而是一切与建筑生产有关的所有参与人共同的事。安全管理涉及生产活动的方方面面，涉及从开工到竣工交付的全部生产过程，涉及全部的生产时间，涉及一切变化着的生产因素。当然，这并非否定安全管理第一责任人和安全机构的作用。

因此，生产活动中必须坚持"四全"动态管理：全员、全过程、全方位、全天候的动态安全管理。

5. 强制性原则

严格遵守现行法律法规和技术规范是基本要求，同时强制执行和必要的惩罚必不可少。关于《建筑法》、《安全生产法》、《工程建设标准强制性条文》等一系列法律、法规的规定，都是在不断强调和规范安全生产，加强政府的监督管理，做到对各种生产违法行为的强制制裁有法可依。

安全是生产的法定条件，安全生产不能因领导人的看法和注意力的改变而改变。项目的安全机构设置、人员配备、安全投入、防护设施用品等都必须采取强制性措施予以落实，"三违"现象（违章指挥、违章操作、违反劳动纪律）必须采取强制性措施加以杜绝，一旦出现安全事故，首先追究项目经理的责任。

6. 发展性原则

安全管理是对变化着的建筑生产活动中的动态管理，其管理活动是不断发展变化的，以适应不断变化的生产活动，消除新的危险因素。这就需要我们不断地摸索新规律，总结新的安全管理办法与经验，指导新的变化后的管理，只有这样才能使安全管理不断地上升到新的高度，提高安全管理的艺术和水平，促进文明施工。

1.2.2　建筑工程安全管理的内容

根据施工项目的实际情况和施工内容，识别风险和安全隐患，找出安全管理控制点。

根据识别的重大危险源清单和相关法律法规，编制相应管理方案和应急预案。组织有关人员对方案和预案进行充分性、有效性、适宜性的评审，完善控制的组织措施和技术措施。

进行安全策划（脚手架工程、高处作业、机械作业、临时用电、动用明火、沉井、深挖基础、爆破作业、铺架施工、既有线施工、隧道施工、地下作业等要作出规定），编制安全规划和安全措施费的使用计划；制定施工现场安全、劳动保护、文明施工和作业环境保护措施，编制临时用电设计方案；按安全、文明、卫生、健康的要求布置生产（安全）、生活（卫生）设施；落实施工机械设备、安全设施及防护用品进场计划的验收；进行施工人员上岗安全培训、安全意识教育（三级安全教育）；对从事特种作业和危险作业人员、四新人员要进行专业安全技能培训，对从业资格进行检查；对洞口、临边、高处作业所采取的安全防护措施（"三宝"：安全帽、安全带、安全网；"四口"：楼梯口、电梯井口、预留洞口、通道口），指定专人负责搭设和验收；对施工现场的环境（废水、尘毒、噪声、振动、坠落物）进行有效控制，防止职业危害的发生；对现场的油库和炸药库等设施进行检查；编制施工安全技术措施等。

进行安全检查，按照分类方式的不同，安全检查可以分为定期和不定期检查；专业性和季节性检查；班组检查和交接检查。检查可通过"看"、"量"、"测"、"现场操作"等检查方法进行。检查内容包括：安全生产责任制、安全保证计划、安全组织机构、安全保证措施、安全技术交底、安全教育、安全持证上岗、安全设施、安全标识、操作行为、规范管理、安全记录等。安全检查的重点是违章指挥和违章作业、违反劳动纪律。还有就是安全技术措施的执行情况，这也是施工现场安全保障的前提。

针对检查中发现的问题，下达"隐患整改通知书"，按规定程序进行整改，同时制定相应的纠正措施，现场安全员组织员工进行原因分析总结，吸取其中的教训。并对纠正措施的实施过程和效果进行跟踪验证。针对已发生的事故，按照应急程序进行处置，使损失最小化。对事故是否按处理程序进行调查处理，应急准备和响应是否可行进行评价，并改进、完善方案。

1.3 安全管理中的不安全因素识别

1.3.1 安全事故致因理论

为了对建筑工程安全事故采取最有效的措施，必须深入了解和识别事故发生的主要原因。最初，人们关注事故是因为事故导致了人员伤亡和财产损失，而且事故的表现形式是多种多样的，如高处坠落、机械伤害、触电、物体打击等，由此认为安全事故纯粹是由某些偶然的甚至无法解释的因素造成的。但是，现在人们对事物的认识已经随着科学技术的进步大大提高，可以说每一起事故的发生，尽管或多或少存在偶然性，但却无一例外都有着各种各样的必然原因，事故的发生有其自身的发展规律和特点。

因此，预防和避免事故的关键，就在于找出事故发生的规律，识别、发现并消除导致事故的必然原因，控制和减少偶然原因，使发生事故的可能性降到最小，保证建设工程系统处于安全状态，而事故致因理论是掌握事故发生规律的基础。事故致因理论就是对形形色色的事故以及人、物和环境等要素之间的无穷变化进行研究，从中找到防止事故发生的方法和对策的理论。

国内外许多学者对事故发生的规律进行了大量的研究，提出了许多理论，其中比较有代表性的有以下两种。

1. 因果连锁论

1931 年，美国海因里希在《工业事故的预防》一书中首先提出了事故因果连锁论，用以阐明导致伤亡事故各种因素与结果之间的关系。该理论认为，伤亡事故的发生不是一个孤立的事件，尽管伤害可能在某个瞬间突然发生，却是一系列原因事件相继发生的结果。

海因里希最初提出的事故因果连锁过程包括以下五个因素：

（1）遗传及社会环境：遗传因素及社会环境是造成人的性格缺陷的主要原因。遗传因素可能造成鲁莽、固执等不良性格；社会环境可能妨碍教育、助长性格上的缺陷。

（2）人的缺点：人的缺点是使人产生不安全行为或造成机械、物质不安全状态的原因，包括鲁莽、固执、过激、神经质、轻率等性格的先天的缺点以及缺乏安全生产知识和技能等后天的缺点。

（3）人的不安全行为或物的不安全状态：所谓人的不安全行为或物的不安全状态是指那些曾经引起过事故，或可能引起事故的行为，或机械、物质的状态，它们是造成事故的直接原因。例如，在起重机的吊物下停留，不发信号就启动机器，工作时间打闹或拆除安全防护装置等，都属于人的不安全行为；没有防护的传动齿论，裸露的带电体或照明不良等，都属于物的不安全状态。

（4）事故：事故是由于物体、物质、人或放射线的作用或反作用，使人员受到伤害或可能受到伤害的，出乎意外的、失去控制的事件。

（5）伤害：由于事故而造成的人身伤害。

人们用多米诺骨牌来形象地描述这种事故因果连锁关系，如图 1-2 所示。在多米诺骨牌系列中，一颗骨牌被碰倒了，则将发生连锁反应，其余的几颗骨牌相继被碰倒。如果移去连锁中的一颗骨牌，则连锁被破坏，事故过程终止。海因里希认为，企业事故预防工作的中心就是防止人的不安全行为，消除机械的或物质的不安全状态，即抽取第三张骨牌就有可能避免第四、第五张骨牌的倒下，中断事故连锁的进程而避免事故的发生。

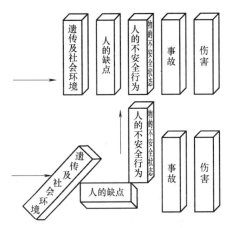

这一理论从产生伊始就被广泛地应用于安全生产工作中，被奉为安全生产的经典理论，对后来的安全生产产生了巨大而深远的影响。施工现场要求每天工作开始前必须认真检查施工机具和施工材料，并且保证施工人员处于稳定的工作状态，正是这一理论在工程建设安全管理中的应用和体现。

图1-2 海因里希连锁论

2. 综合因素论

综合因素论认为，在分析事故原因、研究事故发生机理时，必须充分了解构成事故的基本要素。研究的方法是从导致事故的直接原因入手，找出事故发生的间接原因，并分清其主次地位。

直接原因是最接近事故发生的时刻、直接导致事故发生的原因，包括不安全状态（条件）和不安全行为（动作）。这些物质的、环境的以及人的原因构成了生产中的危险因素（或称为事故隐患）。所谓间接原因，是指管理缺陷、管理因素和管理责任，它使直接原因得以产生和存在。造成间接原因的因素称为基础原因，包括经济、文化、学校教育、民族习惯、社会历史、法律等社会因素。

管理缺陷与不安全状态的结合，就构成了事故隐患。当事故隐患形成并偶然被人的不安全行为触发时，就必然发生事故。通过对大量事故的剖析，可以发现事故发生的一些规律。据此可以得出综合因素论，如图1-3所示。即生产作业过程中，由社会因素产生管理缺陷，进一步导致物的不安全状态或物的不安全行为，进而发生伤亡和损失。调查分析事故的过程正

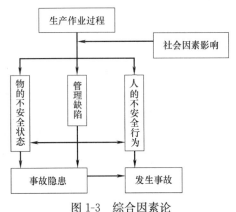

图1-3 综合因素论

好相反：通过事故现象查询事故经过，进而了解物和人的原因等直接造成事故的原因；依此追查管理责任（间接原因）和社会因素（基础原因）。

很显然，这个理论综合地考虑了各种事故现象和因素，因而比较正确，有利于各种事故的分析、预防和处理，是当今世界上最为流行的理论。美国、日本和我国都主张按这种模式分析事故。

1.3.2 不安全因素

由于具体的不安全对象不同或受安全管理活动限制等原因，不安全因素在作业过程中处于变化的状态。由于事故与原因之间的关系是复杂的，不安全因素的表现形式也是多种多样的。根据前述事故致因理论以及对我国安全事故发生的主要原因进行分析，可以得到

不安全因素主要包括人（Man）、物（Matter）、管理（Management）和环境（Medium）四个方面（即"4M"要素）。

1. 人的因素

所谓人，包括操作人员、管理人员、事故现场的在场人员和其他人员等。人的因素是指由人的不安全行为或失误导致生产过程中发生的各类安全事故，是事故产生的最直接因素。各种安全生产事故，其原因不管是直接的还是间接的，都可以说是由人的不安全行为或失误引起的，可能导致物的不安全状态，导致不安全的环境因素被忽略，也可能出现管理上的漏洞和缺陷，还可能造成事故隐患并触发事故的发生。

人的因素主要体现为人的不安全行为和失误两个方面。

人的不安全行为是由人的违章指挥、违规操作等引起的不安全因素，如进入施工现场没有配戴安全帽，必须使用防护用品时未使用，需要持证上岗的岗位由其他人员替代，未按技术标准操作，物体的摆放不安全，冒险进入危险场所，在起吊物下停留作业，机器运转时进行加油和修理作业，工作时说笑打闹，带电作业等。

人的失误是人的行为结果偏离了预定的标准。人的失误有两种类型，即随机失误和系统失误。随机失误是由人的行为、动作的随机性引起的，与人的心理、生理原因有关，它往往是不可预测、也不重复出现的。系统失误是由系统设计不足，或人的不正常状态引发的，与工作条件有关，类似的条件可能引发失误重复发生。造成人失误的原因是多方面的，施工过程中常见的失误原因包括如下：

（1）社会心理品质与人为失误。社会心理品质涉及价值观、社会态度、道德感、责任感等，直接影响工人的行为表现，与建筑施工安全密切相关。在建筑项目施工过程中，个别班组成员的社会心理品质不良、缺乏社会责任感、漠视施工安全操作规程、以自我为中心处理与班组其他成员的关系、行为轻率，容易出现人为失误。

（2）感知过程与人为失误。施工人员的失误涉及感知错误、判断错误、动作错误等，是造成建筑安全事故的直接原因。感知错误的原因主要是心理准备不足、情绪过度紧张或麻痹、知觉水平低、反应迟钝、注意力分散和记忆力差等。感知错误、经验缺乏和应变能力差，往往导致判断错误，从而导致操作失误。错综复杂的施工环境会使施工人员产生紧张和焦虑情绪，当应急情况出现时，施工人员的精神进入应急状态，容易出现不应有的失误现象，甚至出现冲动性动作等，为建筑安全事故的发生埋下了极大的隐患。

（3）动机与人为失误。动机是决定施工人员是否追求安全目标的动力源泉。有时，安全动机与其他动机产生冲突，而动机的冲突是造成人际失调和配合不当的内在动因。出于某种动机，施工班组成员可能产生畏惧心理、逆反心理或依赖心理。畏惧心理表现在施工班组成员缺乏自信，胆怯怕事，遇到紧急情况手足无措。逆反心理是由于自我表现动机、嫉妒心导致的抵触心态或行为方式对立。依赖心理是由于对施工班组其他成员的期望值过高而产生的。这些心理障碍影响施工班组成员之间的配合，极易造成人为失误。

（4）情绪与人为失误。情绪是人对客观事物是否满足自身需要的态度的体验。在不良的心境下，施工人员可能情绪低落，容易产生操作行为失误，最终导致建筑安全事故。过分自信、骄傲自大是安全事故的陷阱。施工人员的麻痹情绪、情绪上的长期压力和适应障碍，会使心理疲劳频繁出现而诱发失误。

（5）个性心理特征与人为失误。施工人员的个性心理特征主要包括气质、性格和能力。个性心理特征对人为失误有明显的影响。比如，多血质型的施工人员如果从事单调乏味的工作时容易情绪不稳定；胆汁质型的施工人员固执己见、脾气暴躁，情绪冲动时难以克制；黏液质型的施工人员遇到特殊情况时反应慢，反应能力差。现在的施工单位在招聘劳务时，很少进行考核，更不用说进行心理方面的测试了，所以对施工人员的个性心理特征也就无从了解，分配施工任务时也就随意安排了。

（6）生理状况与人为失误。疲劳是产生建筑安全事故的重大隐患。疲劳的主要原因是缺乏睡眠和昼夜节奏紊乱。如果施工人员服用一些治疗失眠的药物，也可能为建筑安全事故的发生埋下隐患。因此，经常进行教育、训练，合理安排工作，消除心理紧张因素，有效控制心理紧张的外部原因，使人保持最优的心理紧张度，对消除人为失误现象是很重要的。

人的因素中，人的不安全行为可控，并可以完全消除。而人的失误可控性较小，不能完全消除，只能通过各种措施降低失误的概率。

2. 物的因素

对建筑行业来说，物是指生产过程中发挥一定作用的设备、材料、半成品、燃料、施工机械、生产对象以及其他生产要素。物的因素主要指物的故障原因而导致物处于一种不安全状态。故障是指物不能执行所要求功能的一种状态，物的不安全状态可以看作是一种故障状态。

物的故障状态主要有以下几种情况：机械设备、工器具存在缺陷或缺乏保养；存在危险物和有害物；安全防护装置失灵；缺乏防护用品或其有缺陷；钢材、脚手架及其构件等原材料的堆放和储存不当；高空作业缺乏必要的保护措施等。

物的不安全状态是生产中的隐患和危险源，在一定条件下，就会转化为事故。物的不安全状态往往又是由人的不安全行为导致的。

3. 环境因素

事故的发生都是由人的不安全行为和物的不安全状态直接引起的。但不考虑客观的情况而一概指责施工人员的"粗心大意"、"疏忽"却是片面的，有时甚至是错误的。还应当进一步研究造成人的过失的背景条件，即不安全环境。环境因素主要指施工作业过程所在的环境，包括温度、湿度、照明、噪声和振动等物理环境，以及企业和社会的人文环境。不良的生产环境会影响人的行为，同时对机械设备也产生不良的作用。

不良的物理环境会引起物的故障和人的失误，物理环境又可分为自然环境和生产环境。如施工现场到处是施工材料、机具乱摆放、生产及生活用电私拉乱扯，不但给正常生产生活带来不便，而且会引起人的烦躁情绪，从而增加事故发生概率；温度和湿度会影响设备的正常运转，引起故障，噪声、照明影响人的动作准确性，造成失误；冬天的寒冷，往往造成施工人员动作迟缓或僵硬；夏天的炎热往往造成施工人员的体力透支，注意力不集中；还有下雨、刮风、扬沙等天气，都会影响到人的行为和机械设备的正常使用。

人文环境会影响人的心理、情绪等，引起人的失误。如果一个企业从领导到职工，人人讲安全、重视安全，逐渐形成安全氛围，更深层次地讲，就是形成了企业安全文化，在这样一种环境下的安全生产是有保障的。

4. 管理因素

大量的安全事故表明，人的不安全行为、物的不安全状态以及恶劣的环境状态，往往只是事故直接和表面的原因，深入分析可以发现发生事故的根源在于管理的缺陷。国际上很多知名学者都支持这一说法，其中最具有代表性的就是美国学者 Petersen 的观点，他认为造成安全事故的原因是多方面的，根本原因在于管理系统，包括管理的规章制度、管理的程序、监督的有效性以及员工训练等方面的缺陷等，是因管理失效造成了安全事故。英国健康与安全执行局（Health and Safety Executive，HSE）的统计表明，工作场所 70％的致命事故是由于管理失控造成的；根据上海市历年重大伤亡事故抽样分析，92％的事故是由于管理混乱或管理不善引起的。

常见的管理缺陷有制度不健全、责任不分明、有法不依、违章指挥、安全教育不够、处罚不严、安全技术措施不全面、安全检查不够等。

人的不安全行为和物的不安全状态是可以通过适当的管理控制，予以消除或把影响程度降到最低。环境因素的影响是不可避免的，但是，通过适当的管理行为，选择适当的措施也可以把影响程度减到最低。人的不安全行为可以通过安全教育、安全生产责任制以及安全奖罚机制等管理措施减少甚至杜绝。物的不安全状态可以通过提高安全生产的科技含量、建立完善的设备保养制度、推行文明施工和安全达标等管理活动予以控制。对作业现场加强安全检查，就可以发现并制止人的不安全行为和物的不安全状态，从而避免事故的发生。

建筑安全生产系统中，"4M"要素之间的关系如图 1-4 所示。

由于管理的缺失，造成了人不安全行为的出现，进而导致物的不安全状态

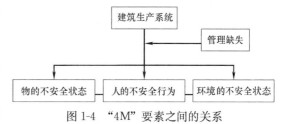

图 1-4 "4M"要素之间的关系

或环境的不安全状态的出现，最终导致安全生产事故的发生。因此，搞好建筑安全生产管理工作，重在改善和提高建筑安全管理，如生产组织、生产设计、劳动计划、安全规章制度、安全教育培训、劳动技能培训、职工伤害事故保险等。

1.3.3 我国建筑行业事故成因分析

1. 行业的高风险性

建筑业属事故多发性行业之一，其露天作业、高空作业较多。据统计，一般工程施工中露天作业约占整个工作量的 70％以上，高处作业约占 90％以上；施工环境容易受到地质、气候、卫生、周围及社会等条件的影响，具有较强的不确定性。

所以，建筑产品的生产和交易方式的特殊性以及政策敏感性等决定了建筑业是一个高风险产业，面临着经营风险、行业风险、市场风险、政策风险、环境风险等多种风险因素。以上特点容易转化为建筑生产过程中的不安全状态、不安全行为，也造成发生事故的起因物、致害物较多，伤害方式多种多样。

2. 思想认识不到位

企业重生产、轻安全的思想仍普遍存在。企业作为安全生产的主体，缺乏完善的自我约束机制，在一切以经济效益为中心的生产经营活动中，或多或少出现了放松安全管理的行为。企业主要侧重于市场开发和投标方面的经营业务，对安全问题不够重视，在安全方面的资源投入明显不足，没有处理好质量安全、效益、发展之间的关系，没有把质量安全工作真正摆在首要的位置来抓，只顾眼前利益，而忽视了企业可持续发展能力的培养。

3. 市场秩序不够规范

从建筑市场运行的角度看,有市场交易、市场秩序不公平、不公正、不规范的问题。

4. 安全管理水平低下

主要体现在以下5个方面

(1) 企业安全生产责任制未全面落实。大部分企业都制定了安全生产规章制度和责任制度,但部分企业对机构建设、专业人员配备、安全经费投入、职工培训等方面的责任未能真正落实到实际工作中;机构与专职安全管理人员形同虚设,施工现场违章作业、违章指挥的"二违"现象时有发生;企业安全管理粗放,基础工作薄弱,涉及安全生产的规定、技术标准和规范得不到认真执行,安全检查流于形式,事故隐患得不到及时整改,违规处罚不严。

(2) 企业内部安全教育培训不到位。建筑业一线作业人员以农民工为主,其安全意识较淡薄、自我保护能力较差、基本操作技能水平较低。据统计,经济发达国家高级技工占到从业工人的35%以上,而我国仅占7%左右。建筑业的从业人员75%以上属农民工,大都没有经过系统的教育培训,高级技工所占的比例就更少。目前事故伤害者大多发生在这部分人员当中。

(3) 企业安全生产管理模式落后,治标不治本。部分企业没有从"经验型"和"事后型"的管理方法中摆脱出来,"安全第一,预防为主,综合治理"的安全生产方针未真正落实,对从根本上、源头上深入研究事故发生的突发性和规律性重视不够,安全管理工作松松紧紧、抓抓停停,难以有效预防各类事故的发生。

(4) 安全投入不足,设备老化情况严重。长期以来,我国建筑企业在安全生产工作中人力、物力、财力的投入严重不足。加之当前建筑市场竞争激烈而又不规范,压价和拖欠工程款现象严重,企业的平均赢利越来越薄,安全生产的投入就更加难以保证。许多使用多年的陈旧设备得不到及时维护、更新、改造,设备带"病"运行现象频频出现,不能满足安全生产的要求,这样就为建筑安全事故的产生埋下了隐患。

(5) 监理单位未有效履行安全监理职责。《建设工程安全生产条例》及住房和城乡建设部《关于落实建设工程安全生产监理责任的若干意见》中明确规定,监理单位负有安全生产监理职责。但目前监理单位大多对安全监理的责任认识不足,工作被动,并且监理人员普遍缺乏安全生产知识。主要原因在于监理费中没有包含安全监理费或者取费标准较低,只增加了监理单位的工作量,未增加相应报酬;安全监理责任的规定,可操作性较差;对监理单位和监理人员缺乏必要的制约手段。

5. 政府主管部门监管不到位

(1) 部分地区建设主管部门和质量安全监督机构对本地区质量安全管理薄弱环节和存在的主要问题把握不够,一些地方政府主管部门的质量安全监管责任不落实,监管力度不够。

(2) 在机构设置、工作体制机制建设方面还不能适应当前建筑工程质量安全工作的需要。监督人员素质偏低的问题,很大程度上影响和制约着安全监督工作的开展和工作水平的提高。

(3) 安全事故调查不按规定程序执行,违法违纪问题不能得到及时严厉的惩处,执法不严现象较为普遍。

（4）安全检查的方式还是主要以事先告知型的检查为主，不是随机抽查及巡查，许多地方流于形式。对查出的隐患和发现的问题缺乏认真细致的研究分析，缺乏有效的、针对性强的措施与对策，致使安全监管工作实效性差，同类型安全问题大量重复出现。

（5）建筑安全监督机构缺乏有序协调。建筑企业同时面临来自住房和城乡建设部、国家安全生产监督管理总局、人力资源和社会保障部、卫生部和消防部门等各个系统的监督管理，但其中一些部门的职权划分尚不清楚，管理范围交叉重复，难免在实际管理中出现多头管理、政出多门、各行其是的现象，使得政府安全管理整体效能相对减弱，企业无所适从，负担加重。

（6）很多地方领导在思想上出于对地方政绩的考虑，对于安全事故存在大事化小、小事化了的思想，安全事故记录与管理缺乏权威性和真实性，建筑安全事故瞒报、漏报、不报现象时有发生。同时，在政府和部门工作人员中，也不排除存在腐败因素。

1.4 安全生产的政府监督与管理

1.4.1 安全生产监管的概念

建筑工程安全生产管理依据管理的对象和范围可以分为宏观层面的安全生产管理和微观层面的安全生产管理。本节主要针对宏观层面的建筑工程安全生产管理，即安全生产监督管理进行阐述。建筑工程安全生产监督管理是对建筑业的安全生产进行管理，指建设行政主管部门以及国家安全生产监督管理机构遵循一定的组织原则，分工合作，依照有关安全法律、法规、规章对建筑企业的安全生产进行监督、检查，督促和引导建筑企业改善和提高安全生产效果的过程。具体包括政府职能部门的行业监督以及建设工程安全监督机构的执法监督两方面。

建筑安全生产管理的实施，必须借助科学的建筑安全生产管理体系，在这个体系内，安全生产监督管理部门和建设行政主管部门之间的关系顺畅，对建筑企业的监督管理分工明确，职责分明，最终的效果是共同监督建筑安全法律法规的实施，有效引导建筑企业自主重视安全生产。

目前，我国建筑业实行的是政府监督下的三方管理体制，如图1-5所示。在这种体制下三方对建筑施工安全共同负有责任，政府作为三方的主管单位使这三方的关系达到协调作用，所以政府的监督管理是非常重要的。建筑安全生产管理的关键是监督，如何适应社会经济的变化，有效化解建筑安全的风险，这是对建筑安全监督提出的具有挑战性的课题。只有不断更新安全监督思路，改进安全监督的理念，才能真正发挥安全监督应有的作用。

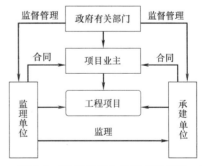

图1-5 建筑市场主体组成示意图

1.4.2 安全生产监管机构及主要监管职能

1. 安全生产监管机构

（1）安全生产监督管理部门

《建设工程安全生产管理条例》第三十九条规定：国务院负责安全生产监督管理的部

门对全国建设工程安全生产工作实施综合监督管理；县级以上地方人民政府负责安全生产监督管理的部门对本行政区域内建设工程安全生产工作实施综合监督管理。

《安全生产许可证条例》第十二条规定：国务院安全生产监督管理部门和省、自治区、直辖市人民政府安全生产监督管理部门对施工企业、民用爆破器材生产企业、煤矿企业取得安全生产许可证的情况进行监督。

（2）建设行政主管部门

《中华人民共和国建筑法》第六条规定：国务院建设行政主管部门对全国的建筑活动实施统一监督管理。

《建设工程安全生产管理条例》第四十条规定：国务院建设行政主管部门对全国的建设工程安全生产实施监督管理；县级以上地方人民政府建设行政主管部门对本行政区域内的建设工程安全生产实施监督管理；国务院铁路、交通、水利等有关部门按照国务院规定的职责分工，负责有关专业建设工程安全生产的监督管理；县级以上地方人民政府交通、水利等有关部门在各自的职责范围内，负责本行政区域内的专业建设工程安全生产的监督管理。同时第四十四条还规定：建设行政主管部门或者其他有关部门可以将施工现场的监督检查委托给建设工程安全监督机构具体实施。

2. 安全生产监管机构组织关系

我国政府对建设工程安全生产的监督管理采用综合管理和行业管理相结合的机制，组织关系为：国家安全生产监督管理局作为国务院负责安全生产监督管理的部门，对全国的安全生产工作实施综合管理、全面负责，并从综合管理全国安全生产的角度，指导、协调和监督各行业或领域的安全生产监督管理工作；国务院建设行政主管部门对全国的建设工程安全生产实施统一的监督管理和国务院铁路、交通、水利等有关部门按照国务院的职责分工，分别对专业建筑工程安全生产实施监督管理；县级以上地方人民政府建设行政主管部门和各有关部门则分别对本行政区内的建设工程和专业建设工程的安全生产工作，按各自的职责范围实施监督管理，并依法接受本行政区内安全生产监督管理部门和劳动行政主管部门对建设工程安全生产监督管理工作的指导和监督；建设工程安全监督机构接受县级以上地方人民政府建设行政主管部门的委托，行使建设工程安全监督的行政职能。组织关系如图 1-6 所示。

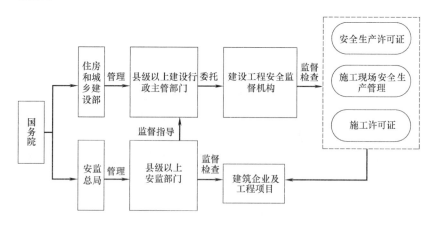

图 1-6 政府监管组织关系

3. 安全生产监管机构主要监管职能

安全生产监督管理部门的主要职能如下：

（1）安全监督：对安全生产工作实施综合监督管理；依法对安全生产事项审查批准（包括批准、核准、许可、注册、认证、颁发证照等）或者验收；对生产经营单位执行法律法规和标准情况进行监督检查。

（2）安全生产许可证的监督和管理：国务院安全生产监督管理部门和省、自治区、直辖市人民政府安全生产监督管理部门对施工企业、民用爆破器材生产企业、煤矿企业取得安全生产许可证的情况进行监督。

（3）事故预防、调查：建立事故举报制度，按照规定程序进行事故上报；组织事故救援；建立值班制度，受理事故报告和举报；监督检查事故发生单位落实防范和整改措施的情况。

建设行政主管部门的主要职能如下：

（1）安全监督：依照《中华人民共和国安全生产法》的规定，对建设工程安全生产工作实施综合监督管理；负有建设工程安全生产监督管理职责的部门在各自的职责范围内履行安全监督检查职责时，有权采取下列措施：

1）要求被检查单位提供有关建设工程安全生产的文件和资料；

2）进入被检查单位施工现场进行检查；

3）纠正施工中违反安全生产要求的行为；

4）对检查中发现的安全事故隐患，责令立即排除；重大安全事故隐患排除前或者排除过程中无法保证安全的，责令从危险区域内撤出作业人员或者暂时停止施工。

（2）安全生产许可证的监督和管理：负责施工企业安全生产许可证的颁发和管理；建立许可证档案管理制度；向同级安监部门通报许可证颁发和管理情况；对取得许可证的企业进行监督检查。

（3）行政审批：依法进行行政审批；对取得批准的单位进行监督检查，对不具备安全条件的，撤销原批准；未依法取得批准，擅自从事有关活动的，发现或接到举报后，应立即查封、取缔，并给予行政处罚。审核发放施工许可证时，对安全施工措施进行审查；将建设单位申请施工许可证和拆除工程的材料抄送同级安监部门。

（4）事故预防、调查：受理建设工程生产安全事故及事故隐患的检举、控告和投诉；制定建设工程特大生产安全事故应急救援预案；制定严重危及施工安全的工艺、设备和材料淘汰目录。

1.4.3 安全生产监管的手段

安全监督管理手段可以从法律、经济、行政、文化四个方面入手：

1. 法律手段

政府通过法律来规范建筑安全管理活动，体现政府的意志，保证建筑安全管理目标的实现，就是法律手段。包括法律和制度的制定、执行和遵守，要做到"有法可依，有法必依，执法必严，违法必究"。

目前我国采用的是"三级立法"原则，即在中央的统一领导下，充分发挥地方的主动性和积极性，形成了全国人大、国务院行政部门、地方立法部门的三级立法体系。

具体的法律法规有：《中华人民共和国劳动法》、《中华人民共和国安全生产法》、《中华人民共和国建筑法》、《中华人民共和国职业病防治法》等国家基本法；《建设工程安全生产管理条例》、《安全生产许可证条例》、《劳动保障监察条例》等国务院颁布执行的行政法规；《建筑工程安全生产监督管理工作导则》、《建筑施工企业安全生产许可证管理规定》、《建设项目（工程）劳动安全卫生监察规定》等部门规章；《施工企业安全生产评价标准》、《建筑施工现场环境与卫生标准》等技术标准和规范。具体内容见第 2 章。

2. 经济手段

安全仅依靠法律制度硬性压制的效果是非常有限的，必须借助市场经济杠杆的巨大调节作用，充分调动各方的主动性自发地追求良好的安全业绩，这也充分体现了市场经济的作用。

经济手段是指政府根据建筑安全的经济属性和经济规律，运用价格、信贷、税费等经济杠杆来达到和促进建筑安全目标的各种具体方式的总称。是各类责任主体通过各类保险和担保为自己编织一个安全网，维护自身利益，同时运用经济杠杆使质量好、信誉高的企业得到经济利益，是预防事故的最好方法。

我国政府监管部门进行安全监管的经济手段主要包括：

（1）对工程各方责任主体违法行为实施经济处罚。针对处罚的行为对象，可以分为对潜在违章行为的处罚、对违章行为的处罚和对违章行为产生后果（即事故）的处罚。比如《建设工程安全生产管理条例》第六十三条规定：施工企业挪用列入建设工程概算的安全生产作业环境及安全施工措施所需费用的，责令限期改正，处挪用费用 20% 以上 50% 以下的罚款；造成损失的，依法承担赔偿责任。

（2）建筑安全投入。建筑安全投入是政府监管部门开展建筑安全监管工作的经济保障，方式有财政拨款、施工企业自筹等。

（3）对施工企业计提的安全防护、文明施工措施费用的监督管理。建设单位申请领取建筑工程施工许可证时，应当将施工合同中约定的安全防护、文明施工措施费用支付计划作为保证工程安全的具体措施提交建设行政主管部门。未提交的，建设行政主管部门不予核发施工许可证。

（4）对提取的安全费用的监督管理。企业安全费用的提取，是为保证安全生产所需的资金投入，根据地区和行业的特点确定提取标准，由企业自行安排使用，专户存储、专款专用。

（5）督促施工企业对伤亡事故经济赔偿的实施应用。企业生产安全事故赔偿是指企业发生安全责任事故后，事故受害者除应得到工伤保险赔偿外，事故单位还应按照受害者的受伤程度给予受害者家属一次性赔偿。

（6）对安全生产风险抵押金提取的监督管理。安全生产风险抵押金是预防企业发生安全事故预先提取的、用于企业发生重、特大事故（一次死亡 3 人以上的事故）后的抢险救灾和善后处理的专项资金。

3. 行政手段

行政手段包括行政许可、行政干预等。

建设行政主管部门的行政许可是指在法律规定的权限范围内，行政主体根据行政相对人的申请，通过颁发许可证或执照等形式，依法赋予特定的行政相对人从事某种活动或实施某种行为的权利或资格的行政行为。行政许可是对法律一般禁止的解除，通过许可制度控制准入以确保符合一定标准或条件的行政相对人获得某种权利或资格，达到某种行政管理目标。比如建设行政主管部门负责施工企业施工许可证和安全生产许可证的颁发和管理。

建设工程安全监督机构的行政干预指的是建设工程安全监督机构依据相关法律、法规及强制性标准向监督对象发出行政指令，使被监督对象的安全行为在法律、法规及强制性标准条文允许的范围内。比如《建设工程安全生产管理条例》规定县级以上人民政府负有建设工程安全生产监督管理职责的部门在职责范围内履行安全监督检查职责时，有权采取纠正施工中违反安全生产要求的行为；对检查中发现的安全事故隐患，有权责令立即排除等。

4. 文化手段

预防事故的核心在于提高企业从业人员的安全意识、安全素质，而文化手段是实现这一目标的根本途径。文化手段是能够直接引起安全文化进步的各种有效措施的总称，而安全文化是指对安全的理解和态度或处理与风险相关的问题的模式和规则。因此，利用文化手段加强建筑安全管理是明智之举。一般文化手段包括以下几个方面：

（1）安全培训；

（2）开展安全生产月活动；

（3）定期安全检查；

（4）建设安全生产文明工地。

1.4.4 安全生产监管的主要内容

1. 对施工单位的安全生产监督管理

建设行政主管部门对施工单位安全生产监督管理的方式主要有两种：一是日常监管；二是安全生产许可证动态监管。监管的主要内容是：

（1）《安全生产许可证》办理情况；

（2）建筑工程安全防护、文明施工措施费用的使用情况；

（3）设置安全生产管理机构和配备专职安全管理人员情况；

（4）三类人员经主管部门安全生产考核情况；

（5）特种作业人员持证上岗情况；

（6）安全生产教育培训计划制定和实施情况；

（7）施工现场作业人员意外伤害保险办理情况；

（8）职业危害防治措施制定情况，安全防护用具和安全防护服装的提供及使用管理情况；

（9）施工组织设计和专项施工方案编制、审批及实施情况；

（10）生产安全事故应急救援预案的建立与落实情况；

（11）企业内部安全生产检查开展和事故隐患整改情况；

（12）重大危险源的登记、公示与监控情况；

（13）生产安全事故的统计、报告和调查处理情况。

2. 对监理单位的安全生产监督管理

建设行政主管部门对工程监理单位安全生产监督检查的主要内容是：

（1）将安全生产管理内容纳入监理规划的情况，以及在监理规划和中型以上工程的监理细则中制定对施工单位安全技术措施的检查方面的情况；

（2）审查施工企业资质和安全生产许可证、三类人员及特种作业人员取得考核合格证书和操作资格证书情况；

（3）审核施工企业安全生产保证体系、安全生产责任制、各项规章制度和安全监管机构建立及人员配备情况；

（4）审核施工企业应急救援预案和安全防护、文明施工措施费用使用计划情况；

（5）审核施工现场安全防护是否符合投标时的承诺和《建筑施工现场环境与卫生标准》等标准要求情况；

（6）复查施工单位施工机械和各种设施的安全许可验收手续情况；

（7）审查施工组织设计中的安全技术措施或专项施工方案是否符合建设强制性标准；

（8）定期巡视检查危险性较大的工程作业；

（9）下达隐患整改通知单，要求施工单位整改事故隐患或暂时停工，对隐患整改结果是否复查。

3. 对建设单位的安全生产监督管理

建设行政主管部门对建设单位安全生产监督检查的主要内容是：

（1）申领施工许可证时，提供建筑工程有关安全施工措施资料的情况；按规定办理工程质量和安全监督手续的情况；

（2）按照国家有关规定和合同约定向施工单位拨付建筑工程安全防护、文明施工措施费用的情况；

（3）向施工单位提供施工现场及毗邻区域内地下管线资料、气象和水文观测资料，相邻建筑物和构筑物、地下工程等有关资料的情况；

有无明示或暗示施工单位购买、租赁、使用不符合安全施工要求的安全防护用具、机械设备、施工机具及配件、消防设施和器材的行为。

4. 对勘察设计单位的安全生产监督管理

建设行政主管部门对勘察、设计单位安全生产监督检查的主要内容是：

（1）勘察单位按照工程建设强制性标准进行勘察情况；提供真实、准确的勘察文件情况；采取措施保证各类管线、设施和周边建筑物、构筑物安全的情况。

（2）设计单位按照工程建设强制性标准进行设计情况；在设计文件中注明施工安全重点部位、环节以及提出指导意见的情况；采用新结构、新材料、新工艺或特殊结构的建筑工程，提出保障施工作业人员安全和预防生产安全事故措施建议的情况。

5. 对其他有关单位的安全生产监督管理

建设行政主管部门对其他有关单位安全生产监督检查的主要内容是：

（1）机械设备、施工机具及配件的出租单位提供相关制造许可证、产品合格证、检测合格证明的情况；

（2）施工起重机械和整体提升脚手架、模板等自升式架设设施安装单位的资质、安全施工措施及验收调试等情况；

（3）施工起重机械和整体提升脚手架、模板等自升式架设设施的检验检测单位资质和出具安全合格证明文件情况。

6. 对施工现场的安全生产监督管理

建设行政主管部门对工程项目开工前的安全生产条件审查包括：

(1) 在颁发项目施工许可证前，建设单位或建设单位委托的监理单位，应当审查施工企业和现场各项安全生产条件是否符合开工要求，并将审查结果报送工程所在地建设行政主管部门。审查的主要内容是：施工企业和工程项目安全生产责任体系、制度、机构建立情况，安全监管人员配备情况，各项安全施工措施与项目施工特点结合情况，现场文明施工、安全防护和临时设施等情况；

(2) 建设行政主管部门对审查结果进行复查。必要时，到工程项目施工现场进行抽查。

建设行政主管部门对工程项目开工后的安全生产监管包括：

(1) 工程项目各项基本建设手续办理情况，有关责任主体和人员的资质和执业资格情况；

(2) 施工、监理单位等各方主体按相关要求履行安全生产监管职责情况；

(3) 施工现场实体防护情况，施工单位执行安全生产法律、法规和标准规范情况；

(4) 施工现场文明施工情况。

思 考 题

1. 什么是建筑工程安全管理？简述安全管理在项目管理中的地位。

2. 建筑工程安全管理的特征有哪些？

3. 流动性和协作性在建筑工程安全管理中体现在哪些方面？

4. 建筑工程安全管理的原则有哪些？试举例说明。

5. 简述建筑工程安全管理的意义。

6. 什么是因果连锁论？事故因果连锁过程包括哪几个因素？

7. 什么是"4M"要素？施工过程中常见的人的失误原因有哪些？结合我国建筑行业现状讨论一下建筑工程的主要事故成因？

8. 什么是安全生产监管机构？其主要监管职能有哪些？

9. 安全生产监管的手段有哪些？

10. 简述安全生产监管的主要内容。

第2章 建筑工程安全管理法律体系

2.1 概 述

2.1.1 法律体系的概念

法律体系是指一国现行法律规范按照不同的法律部门分类组合而成的有机联系的统一整体。安全生产法律体系是我国法律体系中的重要组成部分。

安全作为建筑施工的核心内容之一，包括建筑产品自身安全、毗邻建筑物的安全及施工人员人身安全等。建设工程质量也是通过建筑物的安全和使用情况来体现的。因此，建设活动的各个阶段、各个环节都应当围绕建设工程的质量和安全问题加以规范。

相关立法部门结合我国国情和行业特点制定了许多有关建筑安全的法规和行业标准，构成了以调整建筑工程生产活动中所产生的同安全生产有关的各种社会关系为对象的法律体系，即建筑工程安全管理法律体系。建筑安全生产法律体系也是我国安全生产法律体系的重要组成部分，调整对象包括建筑活动的各参与主体之间的关系、各主体同从业人员的关系及政府主管部门与各主体和从业人员之间的关系等。

2.1.2 法律体系的特征

建筑工程安全管理法律体系具有以下三个特点：

1. 对象的统一性

加强建筑安全生产监督管理，保障人民生命财产安全，预防和减少建筑生产安全事故，促进经济发展，是党和国家各级人民政府的重要任务之一。国家所有的建筑安全生产立法都体现了广大人民群众的最根本利益。

2. 内容和形式的多样性

针对不同生产经营单位和各种突出的建筑安全生产问题，制定各种内容不同、形式不同的安全生产法律规范，调整各级人民政府之间、各类生产经营单位之间、公民之间在安全生产领域中产生的各种社会关系。这个特点决定了建筑安全生产立法的内容和形式是各不相同的，它们所反映和解决的问题也是不同的。

3. 相互关系的系统性和层次性

建筑安全管理法律体系是由母系统与若干子系统共同组成的。从具体法律规范上看，它是单个的；从法律体系上看，各个法律规范又是整个法律系统不可分割的组成部分。建筑安全管理法律体系的层级、内容和形式虽然有所不同，但是它们之间存在着相互依存、相互联系、相互衔接、相互协调的辩证统一关系。

2.1.3 建筑安全管理法律体系框架

所有法律规范中，宪法是国家的根本法，具有最高的法律效力，是其他一切法律的立法依据，所有普通法律、法规都不得与宪法相抵触。在建筑活动中，政府监管部门、各参与单位及相关从业人员必须遵循相关的法律、法规及标准，同时应当了解法律、法规及标准各自的地位及相互关系。

建筑安全管理法律体系是以宪法为立法根据，以《建筑法》、《安全生产法》、《劳动法》等法律为母法，以《建设工程安全生产管理条例》、《安全生产许可证条例》等行政法规为主导，以《建筑安全生产监督管理规定》、《建筑施工企业安全生产许可证管理规定》、《生产安全事故报告和调查处理条例》等部门规章为配套，以大量的工程建设标准为技术性延伸，以有关地方法规和规章以及我国加入的有关国际公约为补充，形成的一个多层级、多类型的法律体系。法律体系及层次见图 2-1。

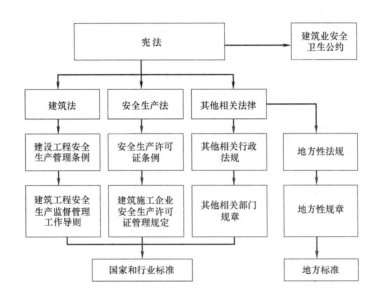

图 2-1　建筑安全管理法律体系及层次

具体来讲，我国建筑安全管理法律法规体系分为以下几个层次：

1. 法律

这里指狭义的法律，指由享有立法权的国家机关依照一定的立法程序制定和颁布的规范性文件。在我国，只有全国人民代表大会及其常委会才有权制定和修订法律。法律的地位和效力仅次于宪法，高于行政法规、地方性法规和部门规章等。法律在中华人民共和国领域内具有约束力。

建筑安全管理法律一般是对建筑安全管理活动的宏观规定，侧重于政府机构、社会团体、企事业单位的组织、职能、权利、义务等，以及建筑安全生产组织管理和程序等进行的规定，是建筑安全管理法律体系的最高层次，具有最高法律效力。

2. 行政法规

行政法规是对法律条款进一步细化，是最高国家行政机关即国务院根据有关法律中授权条款和全国行政管理工作的需要制定的，一般以国务院令形式公布。法律地位和法律效力次于宪法和法律，但高于地方性法规和行政规章。行政法规在中华人民共和国领域内具有约束力。这种约束力体现在两个方面：一是具有约束国家行政机关自身的效力；二是具有约束行政管理相对人的效力。

3. 部门规章

部门规章是国务院各部门、各委员会、审计署等根据法律和行政法规的规定和国务院的决定，在本部门的权限范围内制定和发布的调整本部门范围内的行政管理关系的、并不得与宪法、法律和行政法规相抵触的规范性文件。主要形式是命令、指示、规章等。部门规章对全国有关行政管理部门具有约束力，但它的效力低于行政法规，一般以部令形式发布。

4. 地方性法规

地方性法规是省、自治区、直辖市人民代表大会及其常务委员会，根据本行政区的特点，在不与宪法、法律、行政法规相抵触下的情况制定的行政法规，仅在所辖行政区域内具有法律效力。地方性法规的法律地位和法律效力次于宪法、法律、行政法规，但高于地方规章。

省、自治区人民政府所在地的市，经济特区所在地的市和经国务院批准的较大的市的人民代表大会及其常委会根据本市的具体情况和实际需要，在不与宪法、法律、行政法规和本省、自治区的地方性法规相抵触的前提下，可以制定地方性法规，报所在地的省、自治区人民代表大会常务委员会批准后执行。

5. 地方性规章

地方性规章是指有地方性法规制定权的地方人民政府依照法律、行政法规、地方性法规或者本级人民代表大会及其常委会授权制定的在本行政区域内实施行政管理的规范性文件。仅在其行政区域内有效，其法律效力低于地方性法规。

6. 国家标准

国家标准是在全国范围内统一的技术要求，由国务院标准化行政主管部门编制计划，协调项目分工，组织制定（含修订），统一审批、编号、发布。国家标准的年限一般为 5 年，过了年限后，就要修订或重新制定。此外，随着社会的发展，国家需要制定新的标准来满足人们生产、生活的需要。因此，标准是种动态信息。国家标准分为强制性国标（GB）和推荐性国标（GB/T）。

7. 行业标准

行业标准是对需要在某个行业范围内统一的，而又没有国家标准的技术要求，由国务院有关行政主管部门制定的标准。需报国务院标准化行政主管部门备案。当同一内容的国家标准公布后，则该内容的行业标准即行废止。行业标准分为强制性标准和推荐性标准。

8. 地方标准

地方标准是对没有国家标准和行业标准，但又需要在省、自治区、直辖市范围内统一的产品的安全和卫生要求，由省、自治区、直辖市标准化行政主管部门制定，并报国务院标准化行政主管部门备案。地方标准不得违反有关法律法规和国家行业强制性标准，在相应的国家标准行业标准实施后，地方标准应自行废止。在地方标准中凡法律法规规定强制性执行的标准，才可能有强制性地方标准。

9. 国际条约

《民法通则》第一百四十二条规定："中华人民共和国缔结或者参加的国际条约同中华人民共和国的民事法律有不同规定的，适用国际条约的规定，但中华人民共和国声明保留的条款除外。中华人民共和国法律和中华人民共和国缔结或者参加的国际条约没有规定的，可以适用国际惯例"。

国际条约是国际法主体之间以国际法为准则为确立其相互权利和义务而缔结的书面协议。国际惯例是指以国际法院等各种国际裁决机构的判例所体现或确认的国际法规则和国际交往中形成的共同遵守的不成文习惯。

2.1.4　我国现行建筑安全管理法律体系

我国已经基本建立起建筑安全管理法律体系，主要名称如表 2-1 所示。

我国现行建筑安全管理法律体系　　　　　　　　　　　　表 2-1

性质	名　　称
法律	《中华人民共和国行政诉讼法》(1989)
	《中华人民共和国环境保护法》(1989)
	《中华人民共和国劳动法》(1994)
	《中华人民共和国环境噪声污染防治法》(1996)
	《中华人民共和国行政处罚法》(1996)
	《中华人民共和国建筑法》(1997)
	《中华人民共和国行政复议法》(1999)
	《中华人民共和国职业病防治法》(2001)
	《中华人民共和国环境影响评价法》(2002)
	《中华人民共和国固体废物污染环境防治法》(2004 修订)
	《中华人民共和国劳动合同法》(2007)
	《中华人民共和国突发事件应对法》(2007)
	《中华人民共和国消防法》(2008 修订)
	《中华人民共和国刑法》(2009 修订)
	《中华人民共和国安全生产法》(2009 修订)等
行政法规	《建设项目环境保护管理条例》(1998)
	《国务院关于特大安全事故行政责任追究的规定》(2001)
	《建设工程安全生产管理条例》(2003)
	《国务院关于进一步加强安全生产工作的决定》(2004)
	《安全生产许可证条例》(2004)
	《劳动保障监察条例》(2004)
	《生产安全事故报告和调查处理条例》(2007)
	《中华人民共和国劳动合同法实施条例》(2008)
	《特种设备安全监察条例》(2009 修订)
	《工伤保险条例》(2010 修订)等
部门规章	《建设行政处罚程序暂行规定》(1999)(建设部)
	《实施工程建设强制性标准监督规定》(2000)(建设部)

续表

性质	名　称
部门规章	《建设工程监理范围和规模标准规定》(2000)(建设部)
	《建筑工程施工许可管理办法》(2001)(建设部)
	《建设工程勘察设计企业资质管理规定》(2001)(建设部)
	《建设项目竣工环境保护验收管理办法》(2001)(环境保护部)
	《职业病危害事故调查处理办法》(2002)(卫生部)
	《建筑施工企业安全生产许可证管理规定》(2004)(建设部)
	《建筑施工企业主要负责人、项目负责人和专职安全生产管理人员安全生产考核管理暂行规定》(2004)(建设部)
	《建筑工程安全生产监督管理工作导则》(2005)(建设部)
	《安全生产培训管理办法》(2005)(安监总局)
	《生产经营单位安全培训规定》(2005)(安监总局)
	《建设项目环境影响评价资质管理办法》(2005)(环境保护部)
	《建筑业企业资质管理规定》(2006)(建设部)
	《工程监理企业资质管理规定》(2006)(建设部)
	《建设项目职业病危害分类管理办法》(2006)(卫生部)
	《安全生产行政复议规定》(2007)(安监总局)
	《安全生产违法行为行政处罚办法》(2007)(安监总局)
	《〈生产安全事故报告和调查处理条例〉罚款处罚暂行规定》(2007)(安监总局)
	《建筑起重机械安全监督管理规定》(2008)(建设部)
	《建设项目环境影响评价文件分级审批规定》(2008 修订)(环境保护部)
	《房屋建筑和市政基础设施工程质量监督管理规定》(2010)(住房和城乡部)
	《特种作业人员安全技术培训考核管理规定》(2010)(安监总局)
	《建设项目安全设施"三同时"监督管理暂行办法》(2010)(安监总局)
	《安全生产行政处罚自由裁量适用规则(试行)》(2010)(安监总局)等
地方性法规和规章	《北京市建设工程施工现场管理办法》(2001)
	《河北省建设工程安全生产监督管理规定》(2001)
	《河北省建设工程安全生产监督管理规定》(2002)
	《山东省建筑安全生产管理规定》(2002)
	《湖北省建设工程安全生产管理办法》(2002)
	《上海市建设工程施工安全监督管理办法》(2002 修正)
	《天津市建设工程施工安全管理规定》(2004 修正)
	《上海市安全生产条例》(2005)
	《黑龙江省建设工程安全生产管理办法》(2005)
	《重庆市安全生产行政责任追究暂行规定》(2009)
	《上海市实施〈生产安全事故报告和调查处理条例〉的若干规定》(2009)
	《北京市生产安全事故报告和调查处理办法》(2009)等

性质	名　称
工程建设标准	《安全带检验方法》(GB 6096—85)
	《起重机械超载保护装置安全技术规范》(GB 12602—90)
	《建筑卷扬机安全规程》(GB 13329—91)
	《建筑施工高处作业安全技术规范》(JGJ 80—91)
	《建筑卷扬机安全规程》(GB 13329—91)
	《高处作业吊篮安全规则》(JGJ 5027—92)
	《建设工程施工现场供用电安全规范》(GB 50194—93)
	《爆破作业人员安全技术考核标准》(GB 53—93)
	《高处作业吊篮》(JG/T 5032—93)
	《建筑施工安全检查标准》(JGJ 59—99)
	《建筑机械使用安全技术规程》(JGJ 33—2001)
	《建筑施工扣件式钢管脚手架安全技术规范》(JGJ_130—2001)
	《建筑施工门式钢管脚手架安全技术规范》(JGJ 130—2001)
	《爆破安全规程》(GB 6722—2003)
	《建筑拆除工程安全技术规范》(JGJ 147—2004)
	《建筑施工现场环境与卫生标准》(JGJ 146—2004)
	《施工现场临时用电安全技术规范》(JGJ 46—2005)
	《安全帽试验方法》(GB 2812—2006)
	《塔式起重机安全规程》(GB 5144—2006)
	《建设工程安全监理规程》(DB 11/382—2006)
	《安全帽》(GB 2811—2007)
	《施工升降机安全规则》(GB 10055—2007)
	《石油化工建设工程施工安全技术规范》(GB 50484—2008)
	《建筑施工碗扣式钢管脚手架安全技术规范》(JGJ 166—2008)
	《建筑施工木脚手架安全技术规范》(JGJ 164—2008)
	《建筑施工模板安全技术规范》(JGJ 162—2008)
	《建筑起重机械安全评估技术规程》(JGJ/T 189—2009)
	《安全带》(GB 6095—2009)
	《安全网》(GB 5725—2009)
	《建筑施工门式钢管脚手架安全技术规范》(JGJ 128—2010)
	《建筑施工工具式脚手架安全技术规范》(JGJ 202—2010)
	《起重机械安全规程》(GB 6067—2010)
	《施工企业安全生产评价标准》(JGJ/T77—2010)

2.2　法　　律

2.2.1　《中华人民共和国安全生产法》主要内容

《安全生产法》是我国第一部安全生产基本法律，是包括建筑企业在内的各类生产经营单位及其从业人员实现安全生产所必须遵循的行为准则，是各级人民政府及其有关部门进行安全生产监督管理和行政执法的法律依据，是制裁各种安全生产违法犯罪行为的法律武器。

1. 立法目的与适用范围

（1）立法目的

《安全生产法》明确规定："为了加强安全生产监督管理，防止和减少生产安全事故，保障人民群众生命和财产安全，促进经济发展，制定本法。"这既是《安全生产法》的立法目的，又是法律所要解决的基本问题。《安全生产法》的立法指导思想、方针原则、法律条文都是围绕这个立法目的确定的。

在日常生产经营活动中，特别是建筑施工企业等高危行业的生产活动中存在着诸多不安全因素和隐患，如果缺乏充分的安全意识，没有采取有效预防和控制措施，各种潜在的危险就会显现，造成重大事故。由于生产经营活动的多样性和复杂性，要想完全避免安全事故还不现实。但只要对安全生产给予足够的重视，采取强有力的措施，事故是可以预防和减少的。

（2）适用范围

《安全生产法》是对所有生产经营单位的安全生产普遍适用的基本法律。

1）适用范围和主体

所有在中华人民共和国陆地、海域和领空的范围内从事生产经营活动的生产经营单位，必须依照《安全生产法》的规定进行生产经营活动，违法者必将受到法律制裁。

适用的主体为在中华人民共和国领域内从事生产经营活动单位企业、事业单位和个体经济组织。本法调整的是生产经营领的安全问题，因此，如果不是生产经营活动中的安全问题，比如已销售产品的质量安全问题，就不属于本法的调整范围。

2）另有规定的情况

消防安全、道路交通安全、铁路交通安全、水上交通安全和民用航空安全等生产经营领域因为有其特殊性，所以国家出台了《消防法》、《铁路法》、《道路交通安全法》、《海上交通安全法》与《民用航空法》等法律专门调整，因此，有关法律、行政法规对这些领域另有规定的，应当分别使用有关法律、行政法规的规定。

2. 安全生产监督管理制度

安全生产的监督管理中的"监督"是广义上的监督，既包括政府及其有关部门的监督，也包括社会力量的监督。具体有以下几个方面：

（1）各级人民政府的安全生产职责

国务院和地方各级人民政府都应当加强对安全生产工作的领导。在现实中，具体的各种安全生产监督管理职责是由政府所属的有关部门来完成的，而各级人民政府的一个重要职责就在于支持、督促各有关部门依法履行安全生产监督管理职责。对于安全生产监督管理中的一些重大问题，比如关闭不符合安全生产条件的企业，淘汰危险、落后的工艺、设备等，由于负有安全生产监督管理职责的部门较多，不可避免地存在着一些由于有关部门职责交叉造成的难以解决的问题，都需要有关政府出面，统筹协调、依法解决。这是县级以上人民政府的应尽职责。如果政府领导人对安全生产中存在的重大问题麻木不仁、当断不断、久拖不决，由此引发生产安全事故，要承担失职、渎职责任。

（2）监管部门职责

《安全生产法》第九条规定："国务院负责安全生产监督管理的部门依照本法，对全国安全生产工作实施综合监督管理；县级以上地方各级人民政府负责安全生产监督管理的部门依照本法，对本行政区域内安全生产工作实施综合监督管理。国务院有关部门依照本法和其他有关法律、行政法规的规定，在各自的职责范围内对有关的安全生产工作实施监督管理；县级以上地方各级人民政府有关部门依照本法和其他有关法律、法规的规定，在各自的职责范围内对有关的安全生产工作实施监督管理。"

负责安全生产监督管理的部门包括国务院和县级以上地方人民政府负责安全生产监督管理的部门。国务院负责安全生产监督管理的部门是国家安全生产监督管理总局，对全国安全生产工作实施综合监督管理。县级以上地方人民政府负责安全生产监督管理的部门是指这些地方人民政府设立或者授权负责本行政区域内安全生产综合监督管理的部门，其中绝大多数为安全生产监督管理局，依法对本行政区域内的安全生产工作实施综合监督管理。

有关部门是县级以上各级人民政府安全生产综合监督管理部门以外的负责专项安全生产监督管理的部门，包括国务院负责专项安全生产监督管理的部门和县级以上地方人民政府负责专项安全生产监督管理的部门。国务院有关部门是指公安部、交通部、铁道部、住房城乡建设部和国家质检总局等机构。国务院有关部门依照法律、行政法规规定，负责有关行业、领域的专项安全生产监督管理工作。如公安部负责消防安全、道路交通安全的监督管理工作，交通部负责道路建设和运输企业安全、水上交通等。

各级人民政府负责安全生产监督管理的部门不能取代其他各部门具体的安全生产监督管理工作，仅从综合监督管理安全生产工作的角度，指导、协调和监督这些部门的安全生产监督管理工作。因此，不论是国务院还是地方各级人民政府的各"有关部门"，都应该对本行业内的安全生产工作负责监督管用，即所谓行业监管。

负有安全生产监督管理职责的部门依法对生产经营单位执行有关安全生产的法律、法规和国家标准或者行业标准的情况进行监督检查，行使以下职权：

1）进入生产经营单位进行检查，调阅有关资料，向有关单位和人员了解情况。

2）对检查中发现的安全生产违法行为，当场予以纠正或者要求限期改正；对依法应当给予行政处罚的行为，依照本法和其他有关法律、行政法规的规定作出行政处罚决定。

3）对检查中发现的事故隐患，应当责令立即排除；重大事故隐患排除前或者排除过程中无法保证安全的，应当责令从危险区域内撤出作业人员，责令暂时停产停业或者停止使用；重大事故隐患排除后，经审查同意，方可恢复生产经营和使用。

4）对有根据认为不符合保障安全生产的国家标准或者行业标准的设施、设备、器材予以查封或者扣押，并应当在十五日内依法作出处理决定。

监督检查不得影响被检查单位的正常生产经营活动。根据这一要求，负有安全生产监督管理职责的部门履行监督检查职责时，应当注意以下几点：

1）检查的内容应当严格限制在涉及安全生产的事项上。对于被检查单位和安全生产无关的生产经营方面的其他事项，不能予以干涉，同时，不得向被检查单位提出与检查无关的其他要求。

2）检查要讲究方式、方法。

3）作出有关处理决定时要慎重、要严格依照有关规定。特别是不能在没有根据的情况下随意作出对被检查单位的生产经营活动有重大影响的查封、扣押有关设施、设备、器材或者责令暂时停产停业的决定。

（3）监察机关的监督职责

《中华人民共和国行政监察法》第二条规定："监察机关是人民政府行使监察职能的机关，依法对国家行政机关、国家公务员和国家行政机关任命的其他人员实施监察。"负有安全生产监督管理职责的部门属于行政机关，其工作人员是国家公务员，应当属于监察机关的监察对象。

为了加强对负有安全生产监督管理职责的部门及其工作人员履行安全生产监督管理职责的监督，《安全生产法》第六十一条规定："监察机关依照行政监察法的规定，对负有安全生产监督管理职责的部门及其工作人员履行安全生产监督管理职责实施监察。"这是对监察机关依法对负有安全生产监督管理职责的部门及其工作人员依法履行职责实施监察的规定，也是和行政监察法有关规定的衔接。

从性质上说，监察机关的监察是"对监督者的监督"。根据行政监察法关于监察机关管辖范围的规定，负有安全生产监督管理职责的国务院有关部门及其工作人员，由国务院监察机关负责实施监察；县级以上地方各级人民政府负有安全生产监督管理职责的部门及其工作人员，由本级人民政府监察机关负责实施监察。

监察机关依法对负有安全生产监督管理职责的部门及其工作人员履行安全生产监督管理职责实施监察，主要履行下列职责：

1）检查负有安全生产监督管理职责的部门在遵守和执行法律、法规和人民政府的决定、命令中的问题。

2）受理对负有安全生产监督管理职责的部门及其工作人员在履行安全生产监督检查职责时违反行政纪律行为的控告、检举。

3）调查处理负有安全生产监督管理职责的部门及其工作人员违反行政纪律的行为。

（4）安全生产中介机构的监督职责

法律、法规一般要求生产经营单位必须进行相应的安全评价、认证、检测、检验。如，根据《危险化学品安全管理条例》第九条的规定，设立危险化学品生产、储存企业应当向有关主管部门提出申请，并提供一系列文件，其中包括安全评价报告。该条例第十七条还规定，生产、储存、使用剧毒化学品的单位，应当对本单位的生产、储存装置每年进行一次安全评价；生产、储存、使用其他危险化学品的单位，应当对本单位的生产、储存装置每两年进行一次安全评价。

承担安全评价、认证、检测、检验的机构属于服务性的中介机构，其主要职责是接受有关生产经营单位或者负有安全生产监督管理职责的部门的委托，进行相应的安全评价、认证、检测、检验等技术服务工作。安全评价、认证、检测、检验的结果已经成为生产经营单位安全生产管理以及负有安全生产监督管理的部门进行监督检查的重要参考，也已成为其对有关安全生产问题进行审批、决策的重要依据。因此，安全评价、认证、检测、检验对安全生产工作是一种技术上的监督，也是安全生产监督管理工作的重要组成部分。

为了使安全生产中介服务机构真正发挥对安全生产的监督作用，必须对这类中介服务机构及其活动进行必要的规范。因此，安全生产法规定，承担安全评价、认证、检测、检验的机构应当具备国家规定的条件，并对其作出的安全评价、认证、检测、检验的结果负责。

（5）社会的监督职责

1）单位和个人的监督

任何单位和个人对事故隐患和安全生产违法行为有权向负有安全生产监督管理职责的部门报告和举报，这是一项法定的权利，任何单位和个人不能予以剥夺，也不能阻挠、妨碍这项权利的行使，更不能对报告事故隐患或者举报安全生产违法行为的单位和个人予以打击、报复。对于打击、报复有关单位和人员的，依法追究其行政责任和刑事责任。

在依法赋予单位和个人报告生产安全事故隐患和举报安全生产违法行为的同时，为了调动单位和个人报告事故隐患、举报安全生产违法行为的积极性，《安全生产法》第六十六条还规定："县级以上各级人民政府及其有关部门对报告重大事故隐患或者举报安全生产违法行为的有功人员，给予奖励。具体奖励办法由国务院负责安全生产监督管理的部门会同国务院财政部门制定。"这是对报告重大事故隐患或者举报安全生产违法行为的有功人员给予奖励的规定，也是从实际出发作出的一条切实可行的规定。

2）工会的监督

工会有权对建设项目的安全设施与主体工程同时设计、同时施工、同时投入生产和使用进行监督，提出意见。

3）基层群众性自治组织的监督

居民委员会、村民委员会负有报告已发现的事故隐患或者安全生产违法行为的义务。对于未发现的事故隐患或者安全生产违法行为，居民委员会、村民委员会不负有责任。

4）新闻媒体的监督

《安全生产法》第六十七条规定："新闻、出版、广播、电影、电视等单位有进行安全生产宣传教育的义务，有对违反安全生产法律、法规的行为进行舆论监督的权利。"

这是对新闻媒体等宣传舆论单位的安全生产宣传教育义务和监督安全生产违法行为的权利的规定。任何单位和个人不得阻挠、干预对安全生产违法行为进行正常的舆论监督。舆论监督的对象包括生产经营单位及其管理人员、从业人员，也应当包括滥用职权或者不依法履行安全生产监督管理职责的政府部门及其工作人员。舆论监督主要采取对安全生产违法行为进行曝光的方式。实践中需要注意的是，对安全生产违法行为进行曝光，必须有充分的事实依据，不能捕风捉影，以避免造成不良影响。

3. 安全生产责任制度

（1）生产经营单位的安全生产责任

依法确定以生产经营单位作为主体、以依法生产经营为规范、以安全生产责任制为核心的安全生产管理制度。该项制度包含四方面内容：

一是确定了生产经营单位在安全生产中的主体地位；

二是规定了依法进行安全生产管理是生产经营单位的行为准则；

三是强调了加强管理、建章立制、改善条件是生产经营单位实现确保安全生产的必要措施；

四是明确了确保安全生产是建立、健全安全生产责任制的根本目的。

（2）单位主要负责人的安全责任

管生产必须管安全，谁主管谁负责，这是我国安全生产工作长期坚持的一项基本原则。生产经营单位主要负责人必须是生产经营单位生产经营活动的主要决策人。主要负责人必须享有本单位生产经营活动包括安全生产事项的最终决定权，全面领导生产经营活动，如厂长、经理等，必须同时对单位的安全生产工作负责。

根据本条规定，生产经营单位的主要负责人对本单位的安全生产负有下列职责：

1）建立、健全本单位的安全生产责任制。安全生产责任制即根据安全生产法律、法规，将企业各级负责人员、职能部门及其工作人员、工程技术人员和各岗位操作人员在安全生产方面应做的事情，应负的责任加以明确规定的制度。

2）组织制定本单位安全生产规章制度和操作规程。安全生产规章制度主要包括安全生产管理方面和安全技术方面的规章制度。安全操作规程是指在生产活动中，为消除能导致人身伤亡或造成设备、财产破坏以及危害环境的因素而制定的具体技术要求和实施程序的统一规定。

3）保证本单位安全生产投入的有效实施。生产经营单位的主要负责人应当保证本单位安全生产方面的资金投入，并保证这项投入真正用于本单位的安全生产工作。

4）生产经营单位的主要负责人应当经常性地对本单位的安全生产工作进行督促、检查，对检查中发现的问题及时解决，对单位的生产安全事故隐患及时予以排除。

5）组织制定并实施本单位的生产安全事故应急救援预案。生产安全事故应急救援预案，是指生产经营单位根据本单位的实际情况，针对可能发生的事故的类别、性质、特点和范围等情况制定的事故发生时的组织、技术措施和其他应急措施。

6）及时、如实报告生产安全事故。生产经营单位的主要负责人应当按照本法和有关法律、行政法规、规章的规定，及时、如实报告生产安全事故，不得隐瞒不报、谎报或者拖延报告。

4. 安全生产保障制度

（1）组织和人员保障

1）安全生产管理机构

安全生产管理机构指的是生产经营单位专门负责安全生产监督管理的内设机构，其工作人员都是专职安全生产管理人员。安全生产管理机构的作用是落实国家有关安全生产法律法规，组织生产经营单位内部各种安全检查活动，负责日常安全检查，及时整改各种事故隐患，监督安全生产责任制落实等。

具体设置安全生产管理机构或者配备多少专职安全生产管理人员合适，则应根据生产经营单位危险性的大小、从业人员的多少、生产经营规模的大小等因素确定。

2）主要负责人和安全生产管理人员考核

《安全生产法》第二十条规定："生产经营单位的主要负责人和安全生产管理人员必须具备与本单位所从事的生产经营活动相适应的安全生产知识和管理能力。危险物品的生产、经营、储存单位以及矿山、建筑施工单位的主要负责人和安全生产管理人员，应当由有关主管部门对其安全生产知识和管理能力考核合格后方可任职。考核不得收费。"

考核的内容由有关主管部门来确定，一般包括下列内容：有关安全生产的法律、法规及有关本行业的规章、规程、规范和标准；有关本行业的安全生产知识；企业管理能力；事故应急救援和调查处理的知识；安全生产责任制。

3）生产经营单位从业人员的教育和培训

《安全生产法》第二十一条规定："生产经营单位应当对从业人员进行安全生产教育和培训，保证从业人员具备必要的安全生产知识，熟悉有关的安全生产规章制度和安全操作规程，掌握本岗位的安全操作技能。未经安全生产教育和培训合格的从业人员，不得上岗作业。"

生产经营单位要采取多种途径，加强对从业人员的安全生产教育和培训。通过安全生产教育和培训，从业人员要达到以下要求：具备必要的安全生产知识；熟悉有关安全生产规章制度和操作规程；掌握本岗位的安全操作技能。

（2）基础保障

1）资金投入

《安全生产法》第十八条规定："生产经营单位应当具备的安全生产条件所必需的资金投入，由生产经营单位的决策机构、主要负责人或者个人经营的投资人予以保证，并对由于安全生产所必需的资金投入不足导致的后果承担责任。"

生产经营单位必须安排适当资金，用于改善安全设施，更新安全技术装备、器材、仪器、仪表以及其他安全生产投入，以保证生产经营单位达到法律、法规、标准规定的安全生产条件。

2）安全设施的"三同时"

《安全生产法》第二十四条规定："生产经营单位新建、改建、扩建工程项目（以下统称建设项目）的安全设施，必须与主体工程同时设计、同时施工、同时投入生产和使用。安全设施投资应当纳入建设项目概算。"

"三同时"是生产经营单位安全生产的重要保障措施，是一种事前保障措施。安全设施工程一经投入生产或者使用，不得擅自闲置或者拆除，确有必要闲置或者拆除，必须征得有关主管部门的同意。

3）安全设施设计

安全设施设计的质量由设计人、设计单位负责。如果由于设计问题发生事故，则依法追究设计人、设计单位的责任。为了保证安全设施设计不出问题，要做到安全设施的设计要经过充分论证，设计内容要符合国家有关安全生产的法律、法规、规范和标准的要求。

4）劳动防护用品

《安全生产法》第三十七条规定："生产经营单位必须为从业人员提供符合国家标准或者行业标准的劳动防护用品，并监督、教育从业人员按照使用规则佩戴、使用。"

劳动防护用品都有使用期限，超过使用期限的劳动防护用品，生产经营单位必须及时更新。生产经营单位要加强使用劳动防护用品的教育和培训，监督、教育从业人员按照劳动防护用品的使用规则和防护要求正确佩戴、使用劳动防护用品，对不佩戴、不使用的从业人员要给予必要的处分。

5）工伤社会保险

《安全生产法》第四十三条规定："生产经营单位必须依法参加工伤社会保险，为从业人员缴纳保险费。"

（3）管理保障

1）安全警示标志管理

生产经营作业中的场所、设施和设备，往往存在一些危险因素，容易被人忽视。为了加强作业现场的安全管理，有必要制作和设置以图形、符号、文字和色彩表示的安全警示标志，以提醒从业人员注意危险，防止事故发生。

2）设备安全管理

生产经营单位安全生产管理中普遍存在的一个突出问题，是许多安全设备的设计、制造、安装、使用、检测、维修、改造和报废，不符合国家标准或者行业标准。安全设备处于不安全状态，埋下事故隐患。因此，《安全生产法》第二十九条规定："安全设备的设计、制造、安装、使用、检测、维修、改造和报废，应当符合国家标准或者行业标准。生产经营单位必须对安全设备进行经常性维护、保养，并定期检测，保证设备正常运转。维护、保养、检测应当作好记录，并由有关人员签字。"

3）重大危险源管理

《安全生产法》第三十三条规定："生产经营单位对重大危险源应当登记建档，进行定期检测、评估、监控，并制定应急预案，告知从业人员和相关人员在紧急情况下应当采取的应急措施。生产经营单位应当按照国家有关规定将本单位重大危险源及有关安全措施、应急措施报有关地方人民政府负责安全生产监督管理的部门和有关部门备案。"

如果生产经营单位违反上述规定，对重大危险源未登记建档，或者未进行评估、监控，以及未制定应急预案的，将受到行政处罚或者刑事处罚。

4）生产经营场所和员工宿舍管理

为保证生产设施、作业场所与周边建筑物、设施保持安全合理的空间，确保紧急疏散人员时畅通无阻，《安全生产法》第三十四条规定："生产、经营、储存、使用危险物品的车间、商店、仓库不得与员工宿舍在同一座建筑物内，并应当与员工宿舍保持安全距离。生产经营场所和员工宿舍应当设有符合紧急疏散要求、标志明显、保持畅通的出口。禁止封闭、堵塞生产经营场所或者员工宿舍的出口。"

5）安全检查

《安全生产法》第三十八条规定："生产经营单位的安全生产管理人员应当根据本单位的生产经营特点，对安全生产状况进行经常性检查；对检查中发现的安全问题，应当立即处理；不能处理的，应当及时报告本单位有关负责人。检查及处理情况应当记录在案。"

要制定检查的计划，有目的地进行检查。要经常深入现场，及时发现生产作业中人的不安全行为、物的不安全状态和环境的不安全条件，对检查中发现的问题，必须立即处理。

6）交叉作业安全管理

《安全生产法》第四十条规定："两个以上生产经营单位在同一作业区域内进行生产经营活动，可能危及对方安全生产的，应当签订安全生产管理协议，明确各自的安全生产管理职责和应当采取的安全措施，并指定专职安全生产管理人员进行安全检查与协调。"

安全生产管理协议应当明确协议各方的安全生产管理职责，管理职责要明确、具体，操作性要强，并落实到人。当某一事项双方都有安全生产管理责任时，必须明确由谁主要责任，另一方给予配合。在安全生产管理协议中，必须载明安全措施。

5. 从业人员的权利和义务制度

生产经营单位的从业人员有依法获得安全生产保障的权利，并应当依法履行安全生产方面的义务。

（1）从业人员的权利

《安全生产法》主要规定了各类从业人员必须享有的、有关安全生产和人身安全的最重要、最基本的权利。这些基本安全生产权利，可以概括为以下五项：

1）工伤保险和伤亡求偿权

生产经营单位与从业人员订立的劳动合同，应当载明有关保障从业人员劳动安全、防止职业危害的事项，以及依法为从业人员办理工伤社会保险的事项。生产经营单位不得以任何形式与从业人员订立协议，免除或者减轻其对从业人员因生产安全事故伤亡依法应当承担的责任。

生产安全事故受到损害的从业人员，除依法享有工伤社会保险外，依照有关民事法律尚有获得赔偿的权利的，有权向本单位提出赔偿要求。

生产经营单位必须依法参加工伤社会保险，为从业人员缴纳保险费。

2）危险因素、防范措施和应急措施知情权

《安全生产法》第四十五条规定："生产经营单位的从业人员有权了解其作业场所和工作岗位存在的危险因素、防范措施及事故应急措施，有权对本单位的安全生产工作提出建议。"

要保证从业人员这项权利的行使，生产经营单位就有义务事前告知有关危险因素和事故应急措施。否则，生产经营单位就侵犯了从业人员的知情权，并对由此产生的后果承担相应的法律责任。

3）批评、检控和拒绝权

从业人员有权对本单位安全生产工作中存在的问题提出批评、检举、控告；有权拒绝违章指挥和强令冒险作业。生产经营单位不得因从业人员对本单位安全生产工作提出批评、检举、控告或者拒绝违章指挥、强令冒险作业而降低其工资、福利等待遇或者解除与其订立的劳动合同。

4）停止作业和紧急撤离权

从业人员发现直接危及人身安全的紧急情况时，有权停止作业或者在采取可能的应急措施后撤离作业场所。生产经营单位不得因从业人员在前款紧急情况下停止作业或者采取紧急撤离措施而降低其工资、福利等待遇或者解除与其订立的劳动合同。

（2）从业人员的义务

1）遵章守规、服从管理及正确佩戴和使用劳保用品的义务

从业人员在作业过程中，应当严格遵守本单位的安全生产规章制度和操作规程，服从管理，正确佩戴和使用劳动防护用品。

2）接受安全培训、提高安全生产技能的义务

从业人员应当接受安全生产教育和培训，掌握本职工作所需的安全生产知识，提高安

全生产技能，增强事故预防和应急处理能力。

安全教育培训的基本内容包括安全意识、安全知识和安全技能，这对预防、减少事故和人员伤亡，具有积极意义。

3）发现事故隐患及时报告的义务

《安全生产法》第五十一条规定："从业人员发现事故隐患或者其他不安全因素，应当立即向现场安全生产管理人员或者本单位负责人报告；接到报告的人员应当及时予以处理。"

这就要求从业人员必须具有高度的责任心，防微杜渐，防患于未然，及时发现事故隐患和不安全因素，预防事故发生。

6. 事故的应急救援与调查处理制度

（1）地方政府的事故应急救援职责

县级以上地方各级人民政府应当组织有关部门制定本行政区域内特大生产安全事故应急预案，建立应急救援体系。

（2）生产经营单位的事故应急救援职责

危险物品的生产、经营、储存单位以及矿山、建筑施工单位应当建立应急救援组织；生产经营规模较小，可以不建立应急救援组织的，应当指定兼职的应急救援人员。危险物品的生产、经营、储存单位以及矿山、建筑施工单位应当配备必要的应急救援器材、设备，并进行经常性维护、保养，保证正常运转。

（3）安全事故的报告和处理程序

生产经营单位发生生产安全事故后，事故现场有关人员应当立即报告本单位负责人。单位负责人接到事故报告后，应当迅速采取有效措施，组织抢救，防止事故扩大，减少人员伤亡和财产损失，并按照国家有关规定立即如实报告当地负有安全生产监督管理职责的部门，不得隐瞒不报、谎报或者拖延不报，不得故意破坏事故现场、毁灭有关证据。

负有安全生产监督管理职责的部门接到事故报告后，应当立即按照国家有关规定上报事故情况。负有安全生产监督管理职责的部门和有关地方人民政府对事故情况不得隐瞒不报、谎报或者拖延不报。

有关地方人民政府和负有安全生产监督管理职责的部门的负责人接到重大生产安全事故报告后，应当立即赶到事故现场，组织事故抢救。任何单位和个人都应当支持、配合事故抢救，并提供一切便利条件。

（4）事故调查处理的原则

事故调查处理应当按照实事求是、尊重科学的原则，及时、准确地查清事故原因，查明事故性质和责任，总结事故教训，提出整改措施，并对事故责任者提出处理意见。

（5）安全事故责任的追究制度

生产经营单位发生生产安全事故，经调查确定责任事故的，除了应当查明事故单位的责任并依法予以追究外，还应当查明对安全生产有关事项负有审查批准和监督职责的行政部门的责任，对有失职、渎职行为的，依照本法追究法律责任。

（6）安全事故情况统计和公布制度

县级以上各级地方人民政府负责安全生产监督管理的部门应当定期统计分析本行政区域内发生生产安全事故的情况，并定期向社会公布。

2.2.2 《中华人民共和国建筑法》中的相关内容

1997 年 11 月 1 日第八届全国人民代表大会常务委员会第二十八次会议通过《中华人民共和国建筑法》(以下简称《建筑法》),该法从 1998 年 3 月 1 日起施行,是我国第一部关于工程建设的大法,为建筑施工行业及其主管部门做好安全工作,依法加强安全管理提供了重要的法律武器。

《建筑法》第一条中就明确提出立法的目的是:"为了加强对建筑活动的监督管理,维护建筑市场秩序,保证建筑工程的质量和安全,促进建筑业健康发展。"

《建筑法》第五章用了整章篇幅明确了建筑安全生产管理的基本方针、管理体制、安全责任制度、安全教育培训制度等规定,对强化建筑安全生产管理,规范安全生产行为,保障人民群众生命和财产的安全,具有非常重要的意义。具体内容如下:

1. 基本方针和基本制度

建筑工程安全生产管理必须坚持安全第一、预防为主的方针,建立健全安全生产的责任制度和群防群治制度。

所谓坚持安全第一、预防为主的方针,是指在建筑生产活动中,应当将保证生产安全放到第一位,在管理、技术等方面采取能够确保生产安全的预防性措施,防止建筑工程事故发生。安全生产责任制度和群防群治制度是安全第一、预防为主方针在生产过程中的具体体现。

2. 安全生产保证制度

(1) 安全技术管理制度

安全技术管理制度主要包括建筑工程设计和施工组织设计阶段安全生产制度的规定。

建筑工程设计应当符合按照国家规定制定的建筑安全规程和技术规范,保证工程的安全性能。涉及建筑主体和承重结构变动的装修工程,建设单位应当在施工前委托原设计单位或者具有相应资质条件的设计单位提出设计方案;没有设计方案的,不得施工。

建筑施工企业在编制施工组织设计时,应当根据建筑工程的特点制定相应的安全技术措施;对专业性较强的工程项目,应当编制专项安全施工组织设计,并采取安全技术措施。

(2) 安全生产责任制度

建筑施工企业必须依法加强对建筑安全生产的管理,执行安全生产责任制度,采取有效措施,防止伤亡和其他安全生产事故的发生。

建筑施工企业的安全生产制度是由企业内部各个不同层次的安全生产责任制度所构成的保障生产安全的责任体系,具体包括企业的法定代表人对企业的安全生产负全面责任,企业的各职能机构的负责人及工作人员的责任和岗位人员所应负的安全生产责任制。

(3) 安全责任负责制度

施工现场安全由建筑施工企业负责。实行施工总承包的,由总承包单位负责。分包单位向总承包单位负责,服从总承包单位对施工现场的安全生产管理。

(4) 安全生产教育制度

建筑施工企业应当建立健全安全生产教育培训制度,加强对职工安全生产的教育培训;未经安全生产教育培训的人员,不得上岗作业。

(5) 意外伤害保险制度

建筑施工企业必须为从事危险作业的职工办理意外伤害保险，支付保险费。由建筑施工企业为其从事危险作业的职工办理的意外伤害保险，属于强制性保险，无论建筑施工企业是否愿意，都必须依法办理本条规定的保险，以维护从事危险作业的职工的利益。

（6）拆除工程安全保证制度

房屋拆除应当由具备保证安全条件的建筑施工单位承担，由建筑施工单位负责人对安全负责。建筑施工单位的负责人是建筑施工企业的行政管理人员，不仅对拆除业务活动负责，还应当对拆除过程中的安全负责。

（7）事故救援及报告制度

施工中发生事故时，建筑施工企业应当采取紧急措施减少人员伤亡和事故损失，并按照国家有关规定及时向有关部门报告。

3. 施工现场安全管理制度

（1）施工现场及毗邻环境安全措施制度

建筑施工企业应当在施工现场采取维护安全、防范危险、预防火灾等措施；有条件的，应当对施工现场实行封闭管理。

施工现场对毗邻的建筑物、构筑物和特殊作业环境可能造成损害的，建筑施工企业应当采取安全防护措施。

（2）地下管线的保护制度

建设单位应当向建筑施工企业提供与施工现场相关的地下管线资料，建筑施工企业应当采取措施加以保护。关于建筑施工企业采取有关保护地下管线措施的费用问题，需要由建设单位与施工企业在合同中作出具体的约定。

（3）防治环境污染和危害制度

建筑施工企业应当遵守有关环境保护和安全生产的法律、法规的规定，采取控制和处理施工现场的各种粉尘、废气、废水、固体废物以及噪声、振动对环境污染和危害的措施。

4. 建设单位的义务

有下列情形之一的，建设单位应当按照国家有关规定办理申请批准手续：

（1）需要临时占用规划批准范围以外场地的；

（2）可能损坏道路、管线、电力、邮电通讯等公共设施的；

（3）需要临时停水、停电、中断道路交通的；

（4）需要进行爆破作业的；

（5）法律、法规规定的需要办理报批的其他情形。

5. 施工企业和作业人员的义务

建筑施工企业和作业人员在施工过程中，应当遵守有关安全生产的法律、法规和建筑行业安全规章、规程，不得违章指挥或者违章作业。

6. 作业人员的权利

作业人员有权对影响人身健康的作业程序和作业条件提出改进意见，有权获得安全生产所需的防护用品。作业人员对危及生命安全和人身健康的行为有权提出批评、检举和控告。

7. 行政主管部门的职责

建设行政主管部门负责建筑安全生产的管理，并依法接受劳动行政主管部门对建筑安全生产的指导和监督。

建设行政主管部门对建筑安全生产的行业管理，并不影响政府其他有关部门按照各自的职责，对涉及有关专业建筑活动的建筑工程实施的监督管理。劳动行政主管部门对建筑安全生产实施指导和监督，既包括对直接从事建筑活动的企业和单位的安全生产管理情况的指导和监督，也包括对同级和下级人民政府建设行政主管部门对建筑安全生产活动的行业管理工作的指导和监督。

2.2.3　其他有关法律主要内容

1. 《中华人民共和国劳动法》中相关内容

《中华人民共和国劳动法》于1994年7月5日第八届全国人民代表大会常务委员会第八次会议通过，1994年7月5日中华人民共和国主席令第二十八号公布，自1995年1月1日起施行。相关规定如下：

（1）劳动者的权利

劳动者享有获得劳动安全卫生保护的权利，劳动者对用人单位管理人员违章指挥、强令冒险作业，有权拒绝执行；对危害生命安全和身体健康的行为，有权提出批评、检举和控告。

（2）劳动者的义务

劳动者应当提高职业技能，执行劳动安全卫生规程，遵守劳动纪律和职业道德。

从事特种作业的劳动者必须经过专门培训并取得特种作业资格。

劳动者在劳动过程中必须严格遵守安全操作规程。

（3）用人单位的义务

用人单位必须依法建立和完善规章制度，保障劳动者享有劳动权利和履行劳动义务。具体而言，用人单位必须建立健全劳动安全卫生制度，严格执行国家劳动安全卫生规程和标准，对劳动者进行劳动安全卫生教育，防止劳动过程中的事故，减少职业危害。

另外，用人单位必须为劳动者提供符合国家规定的劳动安全卫生条件和必要的劳动防护用品，对从事有职业危害作业的劳动者应当定期进行健康检查。

（4）"三同时"原则

劳动安全卫生设施必须符合国家规定的标准。新建、改建、扩建工程的劳动安全卫生设施必须与主体工程同时设计、同时施工、同时投入生产和使用。

（5）伤亡事故和职业病统计报告和处理制度

国家建立伤亡事故和职业病统计报告和处理制度。县级以上各级人民政府劳动行政部门、有关部门和用人单位应当依法对劳动者在劳动过程中发生的伤亡事故和劳动者的职业病状况，进行统计、报告和处理。

2. 《中华人民共和国刑法》中的相关内容

1997年3月14日，第八届全国人民代表大会第五次会议通过修订的《中华人民共和国刑法》（以下简称《刑法》），自1997年10月1日起施行。并分别于1999年、2001年、2002年、2005年、2006年、2009年和2011年进行了八次修正。有关建设工程安全生产的主要规定如下：

（1）重大责任事故罪

《刑法》第一百三十四条规定："在生产、作业中违反有关安全管理的规定，因而发生重大伤亡事故或者造成其他严重后果的，处三年以下有期徒刑或者拘役；情节特别恶劣的，处三年以上七年以下有期徒刑。强令他人违章冒险作业，因而发生重大伤亡事故或者造成其他严重后果的，处五年以下有期徒刑或者拘役；情节特别恶劣的，处五年以上有期徒刑。"

（2）重大劳动安全事故罪

《刑法》第一百三十五条规定："安全生产设施或者安全生产条件不符合国家规定，因而发生重大伤亡事故或者造成其他严重后果的，对直接负责的主管人员和其他直接责任人员，处三年以下有期徒刑或者拘役；情节特别恶劣的，处三年以上七年以下有期徒刑。"

（3）危险物品肇事罪

《刑法》第一百三十六条规定："违反爆炸性、易燃性、放射性、毒害性、腐蚀性物品的管理规定，在生产、储存、运输、使用中发生重大事故，造成严重后果的，处三年以下有期徒刑或者拘役；后果特别严重的，处三年以上七年以下有期徒刑。"

（4）工程重大安全事故罪

《刑法》第一百三十七条规定："建设单位、设计单位、施工单位、工程监理单位违反国家规定，降低工程质量标准，造成重大安全事故的，对直接责任人员，处五年以下有期徒刑或者拘役，并处罚金；后果特别严重的，处五年以上十年以下有期徒刑，并处罚金。"

3.《中华人民共和国消防法》中的相关内容

《中华人民共和国消防法》已由中华人民共和国第十一届全国人民代表大会常务委员会第五次会议于 2008 年 10 月 28 日修订通过，自 2009 年 5 月 1 日起施行。《消防法》的立法目的是为了预防火灾和减少火灾危害，加强应急救援工作，保护人身、财产安全，维护公共安全。与建设工程安全生产密切相关的规定如下：

（1）建设工程的消防设计、施工必须符合国家工程建设消防技术标准。建设、设计、施工、工程监理等单位依法对建设工程的消防设计、施工质量负责。按照国家工程建设消防技术标准需要进行消防设计的建设工程，除另有规定的外，建设单位应当自依法取得施工许可之日起七个工作日内，将消防设计文件报公安机关消防机构备案，公安机关消防机构应当进行抽查。依法应当经公安机关消防机构进行消防设计审核的建设工程，未经依法审核或者审核不合格的，负责审批该工程施工许可的部门不得给予施工许可，建设单位、施工单位不得施工；其他建设工程取得施工许可后经依法抽查不合格的，应当停止施工。

（2）按照国家工程建设消防技术标准需要进行消防设计的建设工程竣工，依照下列规定进行消防验收、备案：

1）国务院公安部门规定的大型的人员密集场所和其他特殊建设工程，建设单位应当向公安机关消防机构申请消防验收；

2）其他建设工程，建设单位在验收后应当报公安机关消防机构备案，公安机关消防机构应当进行抽查。

依法应当进行消防验收的建设工程，未经消防验收或者消防验收不合格的，禁止投入使用；其他建设工程经依法抽查不合格的，应当停止使用。

（3）建筑构件、建筑材料和室内装修、装饰材料的防火性能必须符合国家标准；没有国家标准的，必须符合行业标准。人员密集场所室内装修、装饰，应当按照消防技术标准的要求，使用不燃、难燃材料。

（4）有下列行为之一的，责令停止施工、停止使用或者停产停业，并处三万元以上三十万元以下罚款：

1）依法应当经公安机关消防机构进行消防设计审核的建设工程，未经依法审核或者审核不合格，擅自施工的；

2）消防设计经公安机关消防机构依法抽查不合格，不停止施工的；

3）依法应当进行消防验收的建设工程，未经消防验收或者消防验收不合格，擅自投入使用的；

4）建设工程投入使用后经公安机关消防机构依法抽查不合格，不停止使用的；

5）公众聚集场所未经消防安全检查或者经检查不符合消防安全要求，擅自投入使用、营业的。

建设单位未依照本法规定将消防设计文件报公安机关消防机构备案，或者在竣工后未依照本法规定报公安机关消防机构备案的，责令限期改正，处五千元以下罚款。

（5）有下列行为之一的，责令改正或者停止施工，并处一万元以上十万元以下罚款：

1）建设单位要求建筑设计单位或者建筑施工企业降低消防技术标准设计、施工的；

2）建筑设计单位不按照消防技术标准强制性要求进行消防设计的；

3）建筑施工企业不按照消防设计文件和消防技术标准施工，降低消防施工质量的；

4）工程监理单位与建设单位或者建筑施工企业串通，弄虚作假，降低消防施工质量的。

2.3　行政法规

2.3.1　《建设工程安全生产管理条例》中的相关内容

《建设工程安全生产管理条例》（简称《条例》）经 2003 年 11 月 12 日国务院第 28 次常务会议通过，2003 年 11 月 24 日公布，自 2004 年 2 月 1 日起施行。立法目的是为了加强建设工程安全生产监督管理，保障人民群众生命和财产安全。

《条例》的调整范围主要包括：一是在中华人民共和国境内从事建设工程的新建、扩建、改建和拆除等有关活动；二是建设单位、勘察单位、设计单位、施工单位、工程监理单位及其他与建设工程安全生产有关的单位的生产行为；三是实施对建设工程安全生产的监督管理。

《条例》规定了建设工程安全生产必须坚持"安全第一、预防为主"的方针。建设工程的安全生产关系到人民群众的生命和财产安全，关系到社会稳定和经济持续健康发展。这是我国长期安全生产工作经验的总结，建设工程的安全生产管理也必须坚持此方针。

1. 建设单位的安全责任

（1）建设单位应当向施工单位提供施工现场及毗邻区域内供水、排水、供电、供气、供热、通信、广播电视等地下管线资料，气象和水文观测资料，相邻建筑物和构筑物、地下工程的有关资料，并保证资料的真实、准确、完整。建设单位因建设工程需要，向有关部门或者单位查询前款规定的资料时，有关部门或者单位应当及时提供。

这里强调了 4 个方面内容：一是施工资料的真实性，不得伪造、篡改；二是施工资料的科学性，必须经过科学论证，数据准确；三是施工资料的完整性，必须齐全，能够满足施工需要；四是有关部门和单位应当协助提供施工资料，不得推诿。

（2）建设单位不得对勘察、设计、施工、工程监理等单位提出不符合建设工程安全生产法律、法规和强制性标准规定的要求，不得压缩合同约定的工期。

（3）建设单位在编制工程概算时，应当确定建设工程安全作业环境及安全施工措施所需费用。对于建设单位未提供安全生产费用的，责令限期改正，逾期未改正的，责令该建设工程停止施工。

（4）建设单位不得明示或者暗示施工单位购买、租赁、使用不符合安全施工要求的安全防护用具、机械设备、施工机具及配件、消防设施和器材。

（5）建设单位在申请领取施工许可证时，应当提供建设工程有关安全施工措施的资料。安全施工措施是工程施工中，针对工程的特点、施工现场环境、施工方法、劳动组织、作业方法、使用的机械、动力设备、变配电设施、驾设工具以及各项安全防护设施等制定的确保安全施工的措施，是施工组织设计的一项重要内容。

（6）建设单位应当将拆除工程发包给具有相应资质等级的施工单位。

2. 勘察、设计、工程监理及其他有关单位的安全责任

安全生产是一个系统工程，在施工现场由施工单位总负责，但与施工安全有关的，不仅仅是施工单位，从生产安全事故的原因分析，不少是与其他单位有关。勘察单位的勘察文件是设计和施工的基础材料和重要依据，勘察文件的质量又直接关系到设计工程质量和安全性能。设计单位的设计文件质量又关系到施工安全操作、安全防护以及作业人员和建设工程的主体结构安全。工程监理单位是保证建设工程安全生产的重要一方，对保证施工单位作业人员的安全起着重要的作用。施工机械设备生产、租赁、安装以及检验检测机构等与工程建设有关的其他单位是否依法从事相关活动，直接影响到建设工程安全。

（1）勘察单位的安全责任

1）勘察单位应当按照法律、法规和工程建设强制性标准进行勘察，提供的勘察文件应当真实、准确，满足建设工程安全生产的需要。勘察的成果，即勘察文件，是建设项目规划、选址和设计的重要依据，勘察文件的准确性、科学性极大地影响着建设项目的规划、选址和设计的正确性。

2）勘察单位在勘察作业时，应当严格执行操作规程，采取措施保证各类管线、设施和周边建筑物、构筑物的安全。

（2）设计单位的安全责任

1）设计单位应当按照法律、法规和工程建设强制性标准进行设计，防止因设计不合理导致生产安全事故的发生。

2）设计单位应当考虑施工安全操作和防护的需要，对涉及施工安全的重点部位和环节在设计文件中注明，并对防范生产安全事故提出指导意见。

下列涉及施工安全的重点部位和环节应当在设计文件中注明，施工单位作业前，设计单位应当就设计意图、设计文件向施工单位做出说明和技术交底，并对防范生产安全事故提出指导意见：

① 地下管线的防护：地下管线的种类和具体位置、地下管线的安全保护措施；

② 外电防护：外电与建筑物的距离、外电电压、应采用的防护措施、设置防护设施

施工时应注意的安全作业事项、施工作业中的安全注意事项等；

③ 深基坑工程：基坑侧壁选用的安全系数、护壁、支护结构选型、地下水控制方法及验算、承载能力极限状态和正常状态的设计计算和验算、支护结构计算和验算、质量检测及施工监控要求、采取的方式方法、安全防护设施的设置以及安全作业注意事项等；对于特殊结构的砼模板支护，设计单位应当提供模板支撑系统结构图及计算书。

3）采用新结构、新材料、新工艺的建设工程和特殊结构的建设工程，设计单位应当在设计中提出保障施工作业人员安全和预防生产安全事故的措施建议。

4）设计单位和注册建筑师等注册执业人员应当对其设计负责。

我国对设计行业实行建筑师和结构工程师的个人执业注册制度，并规定注册建筑师、注册结构工程师必须在规定的执业范围内对本人负责的建设工程设计文件实行签字盖章制度。

（3）工程监理单位的安全责任

工程监理单位应当贯彻落实安全生产方针政策，督促施工单位按照施工安全生产法律、法规和标准组织施工，消除施工中的冒险性、盲目性和随意性，落实各项安全技术措施，有效地杜绝各类安全隐患，杜绝、控制和减少各类伤亡事故，实现安全生产。具体内容见第 4 章。

（4）其他有关单位的安全责任

1）提供机械设备和配件的单位的安全责任。为建设工程提供机械设备和配件的单位，应当按照安全施工的要求配备齐全有效的保险、限位等安全设施和装置。

2）出租单位的安全责任。一是出租机械设备、施工机具及配件，应当具有生产（制造）许可证、产品合格证。二是应当对出租机械设备、施工机具及配件的安全性能进行检测，在签订租赁协议时，应当出具检测合格证明。三是禁止出租检测不合格的机械设备、施工机具及配件。

3）现场安装、拆卸单位的安全责任。一是在施工现场安装、拆卸施工起重机械和整体提升脚手架、模板等自升式架设设施，必须具有相应的资质的单位承担。二是安装、拆卸起重机械、整体提升脚手架、模板等自升式架设设施，应当编制拆装方案、制定安全施工措施，并由专业技术人员现场监督。三是施工起重机械、整体提升脚手架、模板等自升式架设设施安装完毕后，安装单位应当自检，出具自检合格证明，并向施工单位进行安全使用说明，办理验收手续并签字。

施工起重机械、整体提升脚手架、模板等自升式架设设备的使用达到国家规定的检验检测期限的，必须经具有专业资质的检验检测机构检测。经检测不合格的，不得继续使用。检验检测机构对检测合格的施工起重机械和整体提升脚手架、模板等自升式架设设备，应当出具安全合格证明文件，并对检测结果负责。

3. 施工单位的安全责任

施工单位是工程建设活动中的重要主体之一，在施工安全中居于核心地位，是绝大部分生产安全事故的直接责任方。《建设工程安全生产管理条例》对施工单位的市场准入、施工单位的安全生产行为规范和安全生产条件以及施工单位主要负责人、项目负责人、安全管理人员和作业人员的安全责任，作出了明确的规定。

（1）施工单位安全生产条件

施工单位从事建设工程的新建、扩建、改建和拆除等活动，应当具备国家规定的注册资本、专业技术人员、技术装备和安全生产等条件，依法取得相应等级的资质证书，并在其资质等级许可的范围内承揽工程。

（2）安全责任和安全生产制度

施工单位主要负责人依法对本单位的安全生产工作全面负责。施工单位的项目负责人应当由取得相应执业资格的人员担任，对建设工程项目的安全施工负责，落实安全生产责任制度、安全生产规章制度和操作规程，确保安全生产费用的有效使用，并根据工程的特点组织制定安全施工措施，消除安全事故隐患，及时、如实报告生产安全事故。

施工单位应当建立健全安全生产责任制度和安全生产教育培训制度，制定安全生产规章制度和操作规程，保证本单位安全生产条件所需资金的投入，对所承担的建设工程进行定期和专项安全检查，并做好安全检查记录。

（3）安全生产费用必须专款专用

施工单位对列入建设工程概算的安全作业环境及安全施工措施所需费用，应当用于施工安全防护用具及设施的采购和更新、安全施工措施的落实、安全生产条件的改善，不得挪作他用。

（4）安全生产管理机构的设置和专职安全生产管理人员的配备

施工单位应当设立安全生产管理机构，配备专职安全生产管理人员。专职安全生产管理人员负责对安全生产进行现场监督检查。发现安全事故隐患，应当及时向项目负责人和安全生产管理机构报告；对违章指挥、违章操作的，应当立即制止。

（5）总承包单位与分包单位安全责任的划分

建设工程实行施工总承包的，由总承包单位对施工现场的安全生产负总责。

总承包单位应当自行完成建设工程主体结构的施工。总承包单位依法将建设工程分包给其他单位的，分包合同中应当明确各自的安全生产方面的权利、义务。总承包单位和分包单位对分包工程的安全生产承担连带责任。

分包单位应当服从总承包单位的安全生产管理，分包单位不服从管理导致生产安全事故的，由分包单位承担主要责任。

（6）特种作业人员的资格管理

垂直运输机械作业人员、安装拆卸工、爆破作业人员、起重信号工、登高架设作业人员等特种作业人员，必须按照国家有关规定经过专门的安全作业培训，并取得特种作业操作资格证书后，方可上岗作业。

（7）施工前的交底制度

建设工程施工前，施工单位负责项目管理的技术人员应当对有关安全施工的技术要求向施工作业班组、作业人员作出详细说明，并由双方签字确认。

（8）安全警示标志和危险部位的安全防护措施

施工单位应当在施工现场入口处、施工起重机械、临时用电设施、脚手架、出入通道口、楼梯口、电梯井口、孔洞口、桥梁口、隧道口、基坑边沿、爆破物及有害危险气体和液体存放处等危险部位，设置明显的安全警示标志。安全警示标志必须符合国家标准。

施工单位应当根据不同施工阶段和周围环境及季节、气候的变化，在施工现场采取相应的安全施工措施。施工现场暂时停止施工的，施工单位应当做好现场防护，所需费用由责任方承担，或者按照合同约定执行。

（9）施工现场的安全管理

施工现场的安全管理工作量大、涉及面广，需要全面加强。具体包括下列内容：

1）毗邻建筑物、构筑物和地下管线和现场围栏的安全管理。

2）现场消防安全管理。

3）保障施工人员的人身安全。

4）施工现场安全防护用具、机械设备、施工机具和配件的管理。

5）起重机械、脚手架、模板等设施的验收、检验和备案。

（10）人身意外伤害保险办理

施工单位应当为施工现场从事危险作业的人员办理意外伤害保险。

意外伤害保险费由施工单位支付。实行施工总承包的，由总承包单位支付意外伤害保险费。意外伤害保险期限自建设工程开工之日起至竣工验收合格止。

4. 监督管理

（1）安全施工措施的审查

建设行政主管部门在审核发放施工许可证时，应当对建设工程是否有安全施工措施进行审查，对没有安全施工措施的，不得颁发施工许可证。

（2）日常监督检查措施

县级以上人民政府负有建设工程安全生产监督管理职责的部门在各自的职责范围内履行安全监督检查职责时，有权采取下列措施：

1）要求被检查单位提供有关建设工程安全生产的文件和资料；

2）进入被检查单位施工现场进行检查；

3）纠正施工中违反安全生产要求的行为；

4）对检查中发现的安全事故隐患，责令立即排除；重大安全事故隐患排除前或者排除过程中无法保证安全的，责令从危险区域内撤出作业人员或者暂时停止施工。

5. 生产安全事故的应急救援和调查处理

（1）应急救援预案

县级以上地方人民政府建设行政主管部门应当根据本级人民政府的要求，制定本行政区域内建设工程特大生产安全事故应急救援预案；施工单位应当制定本单位生产安全事故应急救援预案；施工单位应当根据建设工程施工的特点、范围，对施工现场易发生重大事故的部位、环节进行监控，制定施工现场生产安全事故应急救援预案。

（2）事故报告

施工单位发生生产安全事故，应当按照国家有关伤亡事故报告和调查处理的规定，及时、如实地向负责安全生产监督管理的部门、建设行政主管部门或者其他有关部门报告；特种设备发生事故的，还应当同时向特种设备安全监督管理部门报告。接到报告的部门应当按照国家有关规定，如实上报。

实行施工总承包的建设工程，由总承包单位负责上报事故。

（3）事故现场保护

发生生产安全事故后，施工单位应当采取措施防止事故扩大，保护事故现场。需要移动现场物品时，应当做出标记和书面记录，妥善保管有关证物。

2.3.2 《安全生产许可证条例》中的相关内容

制定《安全生产许可证条例》的目的就是为了严格规范安全生产条件，进一步加强安全生产监督管理，防止和减少生产安全事故，对危险性较大、易发生事故的企业实行严格的安全生产许可证制度，提高高危行业的准入门槛。其主要内容如下：

1. 安全生产许可制度的适用范围

国家对矿山企业、建筑施工企业和危险化学品、烟花爆竹、民用爆破器材生产企业（以下统称企业）实行安全生产许可制度。

企业未取得安全生产许可证的，不得从事生产活动。

2. 建筑施工企业安全生产许可证的颁发和管理

（1）发证对象

施工单位不论是否具有法人资格，都要取得相应等级的资质，并申请领取建筑施工许可证。

鉴于建筑施工活动具有流动性大、独立作业的特点，除了将建筑施工企业作为安全生产许可证的发证对象外，也要考虑安全生产许可证与施工单位资质等级和施工许可证发证对象的一致性，对独立从事建筑施工活动的施工单位颁发安全生产许可证。

（2）发证机关

国务院建设行政主管部门负责中央管理的建筑施工企业安全生产许可证的颁发和管理。除中央管理的建筑施工企业以外的其他建筑施工企业，都要向省级建设行政主管部门申请领取安全生产许可证，而后再向工程所在地县级以上建设行政主管部门申请领取建筑施工许可证。

3. 取得安全生产许可证的条件

企业取得安全生产许可证，应当具备下列安全生产条件：

（1）建立、健全安全生产责任制，制订完备的安全生产规章制度和操作规程。

（2）安全投入符合安全生产要求。

（3）设置安全生产管理机构，配备专职安全生产管理人员。

（4）主要负责人和安全生产管理人员经考核合格。

（5）特种作业人员经有关业务主管部门考核合格，取得特种作业人员操作资格证书。

（6）从业人员经安全生产教育和培训合格。

（7）依法参加工伤保险，为从业人员缴纳保险费。

（8）厂房、作业场所和安全设施、设备、工艺符合有关安全生产法律、法规、标准和规程的要求。

（9）有职业危害防治措施，并为从业人员配备符合国家标准或者行业标准的劳动保护用品。

（10）依法进行安全评价。

（11）有重大危险源检测、评估、监控措施和应急预案。

（12）有生产安全事故应急救援预案、应急救援组织或者应急救援人员，配备必要的应急救援器材、设备。

（13）法律、法规规定的其他条件。

关于"法律、法规规定的其他条件"的规定，是指有关法律、行政法规对高危生产企业的安全生产条件另有规定的，应当从其规定。应当注意的是，"法律、法规规定的其他条件"并不只限于法律、行政法规的直接规定，还包括法律、行政法规规定必须具备的国家标准或者行业标准、安全规程和行业技术规范中设定的安全生产条件。

4. 安全生产许可证的申领

企业进行生产前，应当依照本条例的规定向安全生产许可证颁发管理机关申请领取安全生产许可证，并提供规定的相关文件、资料。安全生产许可证颁发管理机关应当自收到申请之日起45日内审查完毕，经审查符合本条例规定的安全生产条件的，颁发安全生产许可证；不符合本条例规定的安全生产条件的，不予颁发安全生产许可证，书面通知企业并说明理由。

5. 安全生产许可证的有效期及期满延期

(1) 安全生产许可证的有效期为3年。

(2) 有效期满需要延期的，企业应当于期满前3个月向原安全生产许可证颁发管理机关办理延期手续。

(3) 企业在安全生产许可证有效期内，严格遵守有关安全生产的法律法规，未发生死亡事故的，安全生产许可证有效期届满时，经原安全生产许可证颁发管理机关同意，不再审查，安全生产许可证有效期延期3年。

6. 安全生产许可证的监督管理

(1) 颁发管理机关应当建立安全生产许可证档案管理制度，并定期向社会公布企业取得安全生产许可证的情况。

(2) 建筑施工企业安全生产许可证颁发管理机关应当每年向同级安全生产监督管理部门通报其安全生产许可证颁发和管理情况。

(3) 国务院和省级安全生产监督管理部门对建筑施工企业取得安全生产许可证的情况进行监督。

(4) 企业不得转让、冒用安全生产许可证或者使用伪造的安全生产许可证。

(5) 企业取得安全生产许可证后，不得降低安全生产条件，并接受安全生产许可证颁发管理机关的监督检查。

(6) 安全生产许可证颁发管理机关应当加强对取得安全生产许可证的企业的监督检查，发现企业不再具备规定的安全生产条件的，应当暂扣或者吊销安全生产许可证。

7. 许可证颁发管理机关工作人员的责任

(1) 在安全生产许可证颁发、管理和监督检查工作中，不得索取或者接受企业的财物，不得谋取其他利益。

(2) 安全生产许可证颁发管理机关工作人员有下列行为之一的，给予降级或者撤职的行政处分；构成犯罪的，依法追究刑事责任：

1) 向不符合本条例规定的安全生产条件的企业颁发安全生产许可证的；

2) 发现企业未依法取得安全生产许可证擅自从事生产活动，不依法处理的；

3) 发现取得安全生产许可证的企业不再具备规定的安全生产条件，不依法处理的；

4) 接到违反规定行为的举报后，不及时处理的；

5) 在安全生产许可证颁发、管理和监督检查工作中，索取或者接受企业的财物，或者谋取其他利益的。

8. 安全生产许可违法行为的法律责任

（1）未取得安全生产许可证擅自进行生产的，责令停止生产，没收违法所得，并处10万元以上50万元以下的罚款；造成重大事故或者其他严重后果，构成犯罪的，依法追究刑事责任。

（2）安全生产许可证有效期满未办理延期手续，继续进行生产的，责令停止生产，限期补办延期手续，没收违法所得，并处5万元以上10万元以下的罚款；逾期仍不办理延期手续，继续进行生产的，依照未取得安全生产许可证擅自进行生产的规定处罚。

（3）转让安全生产许可证的，没收违法所得，处10万元以上50万元以下的罚款，并吊销其安全生产许可证；构成犯罪的，依法追究刑事责任；接受转让的，依照未取得安全生产许可证擅自进行生产的规定处罚。

（4）冒用或者使用伪造的安全生产许可证的，依照未取得安全生产许可证擅自进行生产的规定处罚。

2.3.3 《生产安全事故报告和调查处理条例》中的相关内容

《生产安全事故报告和调查处理条例》（简称《事故条例》）经2007年3月28日国务院第172次常务会议通过，2007年4月9日公布，自2007年6月1日起施行。制定本条例的目的为了规范生产安全事故的报告和调查处理，落实生产安全事故责任追究制度，防止和减少生产安全事故。主要内容如下：

1. 适用范围

条例作为《安全生产法》的配套行政法规，其适用范围限于生产经营活动中发生的造成人身伤亡或者直接经济损失的生产安全事故。这就意味着，不属于生产安全事故的社会事件、自然灾害事故、医疗事故等的报告和调查处理，不适用本条例的规定。

2. 生产安全事故等级的划分

根据生产安全事故（以下简称事故）造成的人员伤亡或者直接经济损失，事故一般分为以下等级：

（1）特别重大事故，是指造成30人以上死亡，或者100人以上重伤（包括急性工业中毒，下同），或者1亿元以上直接经济损失的事故；

（2）重大事故，是指造成10人以上30人以下死亡，或者50人以上100人以下重伤，或者5000万元以上1亿元以下直接经济损失的事故；

（3）较大事故，是指造成3人以上10人以下死亡，或者10人以上50人以下重伤，或者1000万元以上5000万元以下直接经济损失的事故；

（4）一般事故，是指造成3人以下死亡，或者10人以下重伤，或者1000万元以下直接经济损失的事故。

国务院安全生产监督管理部门可以会同国务院有关部门，制定事故等级划分的补充性规定。

3. 事故报告的总体要求及事故调查处理原则和任务

根据条例的规定，事故调查处理的主要任务和内容包括以下几个方面：

（1）及时、准确地查清事故经过、事故原因和事故损失；

（2）查明事故性质，认定事故责任；

（3）总结事故教训，提出整改措施；

（4）对事故责任者依法追究责任。

4．事故报告

（1）事故报告程序

1）事故发生后，事故现场有关人员应当立即向本单位负责人报告；单位负责人接到报告后，应当于1小时内向事故发生地县级以上人民政府安全生产监督管理部门和负有安全生产监督管理职责的有关部门报告。情况紧急时，事故现场有关人员可以直接向事故发生地县级以上人民政府安全生产监督管理部门和负有安全生产监督管理职责的有关部门报告。

2）安全生产监督管理部门和负有安全生产监督管理职责的有关部门接到事故报告后，应当按规定上报事故情况，并通知公安机关、劳动保障行政部门、工会和人民检察院，应当同时报告本级人民政府。

3）安全生产监督管理部门和负有安全生产监督管理职责的有关部门逐级上报事故情况，每级上报的时间不得超过2小时。

4）事故报告后出现新情况的，应当及时补报。自事故发生之日起30日内，事故造成的伤亡人数发生变化的，应当及时补报。道路交通事故、火灾事故自发生之日起7日内，事故造成的伤亡人数发生变化的，应当及时补报。

（2）报告事故内容

报告事故应当包括下列内容：

1）事故发生单位概况；

2）事故发生的时间、地点以及事故现场情况；

3）事故的简要经过；

4）事故已经造成或者可能造成的伤亡人数（包括下落不明的人数）和初步估计的直接经济损失；

5）已经采取的措施；

6）其他应当报告的情况。

（3）事故应急救援

1）事故发生单位负责人接到事故报告后，应当立即启动事故相应应急预案，或者采取有效措施，组织抢救，防止事故扩大，减少人员伤亡和财产损失。

2）事故发生地有关地方人民政府、安全生产监督管理部门和负有安全生产监督管理职责的有关部门接到事故报告后，其负责人应当立即赶赴事故现场，组织事故救援。

（4）事故现场保护

事故发生后，有关单位和人员应当妥善保护事故现场以及相关证据，任何单位和个人不得破坏事故现场、毁灭相关证据。

因抢救人员、防止事故扩大以及疏通交通等原因，需要移动事故现场物件的，应当做出标志，绘制现场简图并做出书面记录，妥善保存现场重要痕迹、物证。

5．事故调查

（1）安全事故调查权

1）特别重大事故由国务院或者国务院授权有关部门组织事故调查组进行调查。

2）重大事故、较大事故、一般事故分别由事故发生地省级人民政府、设区的市级人民政府、县级人民政府负责调查。省级人民政府、设区的市级人民政府、县级人民政府可以直接组织事故调查组进行调查，也可以授权或者委托有关部门组织事故调查组进行调查。

3）未造成人员伤亡的一般事故，县级人民政府也可以委托事故发生单位组织事故调查组进行调查。

4）上级人民政府认为必要时，可以调查由下级人民政府负责调查的事故。

5）特别重大事故以下等级事故，事故发生地与事故发生单位不在同一个县级以上行政区域的，由事故发生地人民政府负责调查，事故发生单位所在地人民政府应当派人参加。

（2）事故调查组

1）事故调查组的组成原则

事故调查组的组成要精简，这是缩短事故处理时限、降低事故调查处理成本、尽最大可能提高工作效率的前提。

2）事故调查组的组成人员

事故调查组由有关人民政府、安全生产监督管理部门、负有安全生产监督管理职责的有关部门、监察机关、公安机关以及工会派人组成，并应当邀请人民检察院派人参加。事故调查组可以聘请有关专家参与调查。

3）事故调查组成员的基本条件

事故调查组成员应具有事故调查所需要的知识和专长，包括专业技术知识、法律知识等，且与所调查的事故没有利害关系，主要是为了保证事故调查的公正性。

4）事故调查组组长及其职权

事故调查组组长由负责事故调查的人民政府指定。事故调查组组长主持事故调查组的工作。

5）事故调查组职责

事故调查组履行下列职责：①查明事故发生的经过、原因、人员伤亡情况及直接经济损失；②认定事故的性质和事故责任；③提出对事故责任者的处理建议；④总结事故教训，提出防范和整改措施；⑤提交事故调查报告。

6）事故调查组职权

事故调查组有权向有关单位和个人了解与事故有关的情况，并要求其提供相关文件、资料，有关单位和个人不得拒绝。

7）事故调查组成员行为规范

事故调查组成员在事故调查工作中应当诚信公正、恪尽职守，遵守事故调查组的纪律，保守事故调查的秘密。

未经事故调查组组长允许，事故调查组成员不得擅自发布有关事故的信息。

8）事故调查时限

事故调查组应当自事故发生之日起 60 日内提交事故调查报告；特殊情况下，经负责事故调查的人民政府批准，提交事故调查报告的期限可以适当延长，但延长的期限最长不超过 60 日。

（3）事故调查报告内容

事故调查报告应当包括下列内容：①事故发生单位概况；②事故发生经过和事故救援情况；③事故造成的人员伤亡和直接经济损失；④事故发生的原因和事故性质；⑤事故责任的认定以及对事故责任者的处理建议；⑥事故防范和整改措施。

事故调查报告应当附具有关证据材料。事故调查组成员应当在事故调查报告上签名。

6. 事故处理

（1）事故调查批复主体、批复时限及批复落实

对于重大事故、较大事故、一般事故，负责事故调查的人民政府应当自收到事故调查报告之日起15日内做出批复；特别重大事故，30日内做出批复，特殊情况下，批复时间可以适当延长，但延长的时间最长不超过30日。

有关机关应当按照人民政府的批复，依照法律、行政法规规定的权限和程序，对事故发生单位和有关人员进行行政处罚，对负有事故责任的国家工作人员进行处分。

事故发生单位应当按照负责事故调查的人民政府的批复，对本单位负有事故责任的人员进行处理。

负有事故责任的人员涉嫌犯罪的，依法追究刑事责任。

（2）防范和整改措施的落实及其监督

事故发生单位应当认真吸取事故教训，落实防范和整改措施，防止事故再次发生。防范和整改措施的落实情况应当接受工会和职工的监督。

安全生产监督管理部门和负有安全生产监督管理职责的有关部门应当对事故发生单位落实防范和整改措施的情况进行监督检查。

（3）事故处理情况的公布

事故处理的情况由负责事故调查的人民政府或者其授权的有关部门、机构向社会公布，依法应当保密的除外。

2.3.4 《国务院关于进一步加强安全生产工作的决定》中的相关内容

国务院于2004年1月9日公布了《国务院关于进一步加强安全生产工作的决定》。《决定》指出，安全生产关系人民群众的生命财产安全，关系改革发展和社会稳定大局。为了进一步加强安全生产工作，尽快实现我国安全生产局面的根本好转，特作了如下决定：

1. 提高认识，明确指导思想和奋斗目标

正确认识安全生产工作的重要地位和作用，进一步增强责任感、使命感和紧迫感。自觉坚持用"三个代表"重要思想统领安全生产工作的全局，坚持"安全第一、预防为主"的基本方针，进一步强化政府对安全生产工作的领导，大力推进安全生产各项工作，落实生产经营单位安全生产主体责任，加强安全生产监督管理。力争到2020年，我国安全生产状况实现根本性好转，亿元国内生产总值死亡率、十万人死亡率等指标达到或者接近世界中等发达国家水平。

2. 完善政策，大力推进安全生产各项工作

主要包括加强产业政策的引导、加大政府对安全生产的投入、深化安全生产专项整治、健全完善安全生产法制、建立生产安全应急救援体系以及加强安全生产科研和技术开发等工作内容。

3. 强化管理，落实生产经营单位安全生产主体责任

强化生产经营单位安全生产主体地位，进一步明确安全生产责任，全面落实安全保障的各项法律法规。生产经营单位必须对所有从业人员进行必要的安全生产技术培训，生产经营活动和行为必须符合安全生产有关法律法规和安全生产技术规范的要求，做到规范化和标准化。

建立企业提取安全费用制度，形成企业安全生产投入的长效机制。进一步提高企业生产安全事故伤亡赔偿标准，建立企业负责人自觉保障安全投入，努力减少事故的机制。

4. 完善制度，加强安全生产监督管理

要制订全国安全生产中长期发展规划，明确年度安全生产控制指标，建立全国和分省（区、市）的控制指标体系，对安全生产情况实行定量控制和考核。

县级以上各级地方人民政府要依照《安全生产法》的规定，建立健全安全生产监管机构，充实必要的人员；各级安全生产监管监察机构要增强执法意识，做到严格、公正、文明执法。

在各行业的行政许可制度中，把安全生产作为一项重要内容，从源头上制止不具备安全生产条件的企业进入市场。各地区可结合实际，依法对建筑施工领域从事生产经营活动的企业，收取一定数额的安全生产风险抵押金。另外要加强对小企业的安全生产监管。

5. 加强领导，形成齐抓共管的合力

在地方政府的统一领导下，调动好、运用好、协调好各方面的积极因素，共同做好安全生产工作。地方各级人民政府要建立健全领导干部安全生产责任制，把安全生产作为干部政绩考核的重要内容，各级安全生产监管部门要发挥对同级政府的参谋作用、对相关部门的协调作用和对下级安全生产监管部门的指导督促作用，努力构建"政府统一领导、部门依法监管、企业全面负责、群众参与监督、全社会广泛支持"的安全生产工作格局。

2.3.5 《特种设备安全监察条例》中的相关内容

《特种设备安全监察条例》自 2003 年 6 月 1 日施行，2009 年 1 月 24 日，国务院公布了《国务院关于修改〈特种设备安全监察条例〉的决定》，并于 2009 年 5 月 1 日起施行。本条例是我国第一部关于特种设备安全监督管理的专门法规。条例规定了特种设备设计、制造、安装、改造、维修、使用、检验检测全过程安全监察的基本制度，对于加强特种设备的安全管理，防止和减少事故，保障人民群众生命、财产安全发挥了重要作用。

特种设备是指涉及生命安全、危险性较大的锅炉、压力容器（含气瓶）、压力管道、电梯、起重机械、客运索道、大型游乐设施和场（厂）内专用机动车辆。它们是国民经济和社会生活中重要的基础设备、设施。

条例规定，特种设备生产、使用单位应当建立健全特种设备安全、节能管理制度和岗位安全、节能责任制度，应当保证必要的安全和节能投入；特种设备生产、使用单位的主要负责人应当对本单位特种设备的安全和节能全面负责。另外要求特种设备生产、使用单位和特种设备检验检测机构，应当保证必要的安全和节能投入。

条例同时规定，县级以上地方人民政府应当督促、支持特种设备安全监督管理部门依法履行安全监察职责，对特种设备安全监察中存在的重大问题及时予以协调、解决；任何单位和个人对违反本条例规定的行为，有权向特种设备安全监督管理部门和行政监察等有关部门举报。

2.4 部门规章

2.4.1 《建筑工程安全生产监督管理工作导则》中的相关内容

为加强建筑工程安全生产监管，完善管理制度，规范监管行为，提高工作效率，2005年10月13日，建设部制定了《建筑工程安全生产监督管理工作导则》（以下简称《工作导则》），有利于进一步全面提高建筑工程安全生产监督管理工作水平。

1. 适用范围和基本原则

建筑工程安全生产监督管理，是指建设行政主管部门依据法律、法规和工程建设强制性标准，对建筑工程安全生产实施监督管理，督促各方主体履行相应安全生产责任，以控制和减少建筑施工事故发生，保障人民生命财产安全、维护公众利益的行为。适用于县级以上人民政府建设行政主管部门对建筑工程新建、改建、扩建、拆除和装饰装修工程等实施的安全生产监督管理。

建筑工程安全生产监督管理坚持"以人为本"理念，贯彻"安全第一、预防为主"的方针，依靠科学管理和技术进步，遵循属地管理和层级监督相结合、监督安全保证体系运行与监督工程实体防护相结合、全面要求与重点监管相结合、监督执法与服务指导相结合的原则。

2. 建筑工程监督管理制度规定

《工作导则》对各地建设行政主管部门建立和完善安全生产监督管理制度做出了明确规定，提出了18项制度。

建设行政主管部门应当依照有关法律法规，针对有关责任主体和工程项目，健全完善以下安全生产监督管理制度：建筑施工企业安全生产许可证制度、建筑施工企业"三类人员"安全生产任职考核制度、建筑工程安全施工措施备案制度、建筑工程开工安全条件审查制度、施工现场特种作业人员持证上岗制度、施工起重机械使用登记制度、建筑工程生产安全事故应急救援制度、危及施工安全的工艺、设备、材料淘汰制度等。

在总结各地经验的基础上，为提高行政管理效能，各地区建设行政主管部门可结合实际，在本级机关建立以下安全生产工作制度：建筑工程安全生产形势分析制度、建筑工程安全生产联络员制度、建筑工程安全生产预警提示制度、建筑工程重大危险源公示和跟踪整改制度、建筑工程安全生产监管责任层级监督与重点地区监督检查制度、建筑工程安全重特大事故约谈制度、建筑工程安全生产监督执法人员培训考核制度、建筑工程安全监督管理档案评查制度以及建筑工程安全生产信用监督和失信惩戒制度。

建设行政主管部门应结合本部门、本地区工作实际，不断创新安全监管机制，健全监管制度，改进监管方式，提高监管水平。

3. 施工企业安全生产许可证管理

《工作导则》中就安全生产层级监督管理、对施工单位的安全生产监督管理、对监理单位的安全生产监督管理、对建设、勘察、设计和其他单位的安全生产监督管理以及对施工现场的安全生产监督管理分别从监督检查的主要内容和主要方式分别提出了具体要求。其中，对施工企业安全生产许可证的动态监管给予了特别关注，对于安全生产许可证的管理，应该着重把握以下几点：

（1）要继续严格审查颁发环节。对已经颁发的安全生产许可证按企业资质级别和类型进行统计，将未取得安全生产许可证的企业向社会公示。

（2）要在施工许可环节严格把关。对于承建施工企业未取得安全生产许可证的工程项目，不得颁发施工许可证。

（3）要严格执法。发现未取得安全生产许可证的施工企业从事施工活动的，严格按照《安全生产许可证条例》进行处罚。对发生重大事故的施工企业，要立即暂扣安全生产许可证，并严格对其安全生产条件进行审查，审查结果不符合法律法规要求的，限期整改，整改后仍不合格的，吊销其安全生产许可证，同时将吊销的情况通报给资质管理部门，由其依法撤销或吊销施工资质证书。

（4）要严肃追究有关主管部门的违法发证责任。对向不具备法定条件施工企业颁发安全生产许可证的，及向承建施工企业未取得安全生产许可证的项目颁发施工许可证的，要严肃追究有关主管部门及相关负责人的责任。

2.4.2　《建筑施工企业安全生产许可证管理规定》中的相关内容

《建筑施工企业安全生产许可证管理规定》于 2004 年 6 月 29 日建设部第 37 次部常务会议讨论通过，2004 年 7 月 5 日建设部令第 128 号发布，自公布之日起施行。其目的是为了严格规范建筑施工企业安全生产条件，进一步加强安全生产监督管理，防止和减少生产安全事故。建筑施工企业未取得安全生产许可证的，不得从事建筑施工活动。

1. 安全生产条件

（1）建立健全安全生产责任制，制定完备的安全生产规章制度和操作规程；

（2）保证本单位安全生产条件所需资金的投入；

（3）设置安全生产管理机构，按照国家有关规定配备专职安全生产管理人员；

（4）主要负责人、项目负责人、专职安全生产管理人员经建设主管部门或者其他有关部门考核合格；

（5）特种作业人员经有关业务主管部门考核合格，取得特种作业操作资格证书；

（6）管理人员和作业人员每年至少进行一次安全生产教育培训并考核合格；

（7）依法参加工伤保险，依法为施工现场从事危险作业的人员办理意外伤害保险，为从业人员交纳保险费；

（8）施工现场的办公、生活区及作业场所和安全防护用具、机械设备、施工机具及配件符合有关安全生产法律、法规、标准和规程的要求；

（9）有职业危害防治措施，并为作业人员配备符合国家标准或者行业标准的安全防护用具和安全防护服装；

（10）有对危险性较大的分部分项工程及施工现场易发生重大事故的部位、环节的预防、监控措施和应急预案；

（11）有生产安全事故应急救援预案、应急救援组织或者应急救援人员，配备必要的应急救援器材、设备；

（12）法律、法规规定的其他条件。

2. 安全生产许可证的申请

建筑施工企业申请安全生产许可证时，应当向建设主管部门提供下列材料：

（1）建筑施工企业安全生产许可证申请表；

（2）企业法人营业执照；

（3）安全生产条件规定的相关文件、材料。

建筑施工企业申请安全生产许可证，应当对申请材料实质内容的真实性负责，不得隐瞒有关情况或者提供虚假材料。

3. 安全生产许可证的颁发及有效期

建设主管部门应当自受理建筑施工企业的申请之日起 45 日内审查完毕；经审查符合安全生产条件的，颁发安全生产许可证；不符合安全生产条件的，不予颁发安全生产许可证，书面通知企业并说明理由。

安全生产许可证的有效期为 3 年。安全生产许可证有效期满需要延期的，企业应当于期满前 3 个月向原安全生产许可证颁发管理机关申请办理延期手续。

企业在安全生产许可证有效期内，严格遵守有关安全生产的法律法规，未发生死亡事故的，安全生产许可证有效期届满时，经原安全生产许可证颁发管理机关同意，不再审查，安全生产许可证有效期延期 3 年。

2.4.3 《建筑起重机械安全监督管理规定》中的相关内容

《建筑起重机械安全监督管理规定》（简称《监督规定》）于 2008 年 1 月 8 号经建设部第 145 次常务会议讨论通过和发布，自 2008 年 6 月 1 日起施行。该规定对于进一步明确建设主管部门行使建筑起重机械安全监管职责，遏制国内建筑工程起重机械事故频发的势头有着重要作用。

1. 目的和适用范围

《监督规定》制定的目的是为了加强建筑起重机械的安全监督管理，防止和减少生产安全事故，保障人民群众生命和财产安全。

《监督规定》的适用范围包括建筑起重机械的租赁、安装、拆卸、使用及其监督管理。本规定所称建筑起重机械，是指纳入特种设备目录，在房屋建筑工地和市政工程工地安装、拆卸、使用的起重机械。

2. 租赁管理制度

（1）出租单位出租的建筑起重机械应当具有特种设备制造许可证、产品合格证、制造监督检验证明。

（2）出租单位在建筑起重机械首次出租前，应当持建筑起重机械特种设备制造许可证、产品合格证和制造监督检验证明到本单位工商注册所在地县级以上地方人民政府建设主管部门办理备案。

（3）出租单位应当在签订的建筑起重机械租赁合同中，明确租赁双方的安全责任。

（4）建筑起重机械有属国家明令淘汰或者禁止使用的、超过安全技术标准或者制造厂家规定的使用年限的、经检验达不到安全技术标准规定情形之一的，出租单位应当予以报废，并向原备案机关办理注销手续。

（5）出租单位应当建立建筑起重机械安全技术档案。

3. 安装、拆卸管理制度

（1）从事建筑起重机械安装、拆卸活动的单位（以下简称安装单位）应当依法取得建设主管部门颁发的相应资质和建筑施工企业安全生产许可证，并在其资质许可范围内承揽建筑起重机械安装、拆卸工程。

（2）建筑起重机械使用单位和安装单位应当在签订的建筑起重机械安装、拆卸合同中明确双方的安全生产责任。实行施工总承包的，施工总承包单位应当与安装单位签订建筑起重机械安装、拆卸工程安全协议书。

（3）安装单位应当按照建筑起重机械安装、拆卸工程专项施工方案及安全操作规程组织安装、拆卸作业。安装单位的专业技术人员、专职安全生产管理人员应当进行现场监督，技术负责人应当定期巡查。

（4）建筑起重机械安装完毕后，安装单位应当按照安全技术标准及安装使用说明书的有关要求对建筑起重机械进行自检、调试和试运转。

（5）安装单位应当建立建筑起重机械安装、拆卸工程档案。

4. 使用和维护保养制度

（1）建筑起重机械安装完毕后，使用单位应当组织出租、安装、监理等有关单位进行验收，或者委托具有相应资质的检验检测机构进行验收。建筑起重机械经验收合格后方可投入使用。实行施工总承包的，由施工总承包单位组织验收。

（2）使用单位应当自建筑起重机械安装验收合格之日起 30 日内，将建筑起重机械安装验收资料、建筑起重机械安全管理制度、特种作业人员名单等，向工程所在地县级以上地方人民政府建设主管部门办理建筑起重机械使用登记。

（3）使用单位应当对在用的建筑起重机械及其安全保护装置、吊具、索具等进行经常性和定期的检查、维护和保养，并做好记录。

另外，《监督规定》还对安装单位、使用单位、施工总承包单位、监理单位应当履行的安全职责分别进行了详细规定。

2.4.4 《实施工程建设强制性标准监督规定》中的相关内容

《实施工程建设强制性标准监督规定》于 2000 年 8 月 21 日经第 27 次建设部常务会议通过，自 2000 年 8 月 25 日起施行。制定目的主要是为加强工程建设强制性标准实施的监督工作，保证建设工程质量，保障人民的生命、财产安全，维护社会公共利益。本规定共 24 条，主要规定了实施工程建设强制性标准的监督管理工作的政府部门，对工程建设各阶段执行强制性标准的情况实施监督的机构以及强制性标准监督检查的内容。

1. 主管部门

国务院建设行政主管部门负责全国实施工程建设强制性标准的监督管理工作。

国务院有关行政主管部门按照国务院的职能分工负责实施工程建设强制性标准的监督管理工作。

县级以上地方人民政府建设行政主管部门负责本行政区域内实施工程建设强制性标准的监督管理工作。

2. 强制性标准执行情况的监督

建设项目规划审查机关应当对工程建设规划阶段执行强制性标准的情况实施监督。

施工图设计文件审查单位应当对工程建设勘察、设计阶段执行强制性标准的情况实施监督。

建筑安全监督管理机构应当对工程建设施工阶段执行施工安全强制性标准的情况实施监督。

工程质量监督机构应当对工程建设施工、监理、验收等阶段执行强制性标准的情况实施监督。

工程建设标准批准部门应当定期对建设项目规划审查机关、施工图设计文件审查单位、建筑安全监督管理机构、工程质量监督机构实施强制性标准的监督进行检查。

3. 强制性标准监督检查的内容

（1）有关工程技术人员是否熟悉、掌握强制性标准；

（2）工程项目的规划、勘察、设计、施工、验收等是否符合强制性标准的规定；

（3）工程项目采用的材料、设备是否符合强制性标准的规定；

（4）工程项目的安全、质量是否符合强制性标准的规定；

（5）工程中采用的导则、指南、手册、计算机软件的内容是否符合强制性标准的规定。

思 考 题

1. 什么是建筑工程安全管理法律体系？其特征有哪些？

2. 简述建筑安全管理的法律体系框架。

3. 《安全生产法》的立法目的与适用范围是什么？

4. 简述安全生产责任制度和安全生产保障制度的主要内容。

5. 简述安全生产保证制度的主要内容。

6. 简述施工现场安全管理制度的主要内容。

7. 建设单位和施工单位的安全责任有哪些？

8. 取得安全生产许可证的条件有哪些？

9. 生产安全事故等级如何划分？

10. 如何对施工企业安全生产许可证进行动态监管？

第3章　建筑工程安全管理制度

3.1　安全生产管理组织

完善的建筑工程安全管理制度由安全管理生产组织、安全生产教育、安全生产责任体系、现场安全防控体系和安全应急预案体系等五个相互支撑的部分构成。

安全生产管理组织能够确保建设单位协同工作实现安全管理的目标；安全生产责任体系全面细致、层层落实，为确保建筑工程安全提供有力保障；安全教育培训提高劳动者的安全技能，增强他们的主动防范意识；现场安全防控体系，严密制定并切实落实安全的具体措施；安全应急预案体系，针对建设过程可能出现的紧急情况预先制定应急计划，并适时开展应急预案演习。通过这五方面的全方位集成，最终实现建筑工程安全管理。建筑施工企业安全生产管理组织体系一般应包括各管理层的主要负责人、专职安全生产管理机构及各相关职能部门、专职安全管理及相关岗位人员。

在建筑工程安全生产管理实施过程中，建筑施工企业各管理层、职能部门和岗位的安全生产责任应形成责任书，并经责任部门或责任人确认。责任书的内容应包括安全生产职责、目标、考核奖惩规定等内容。

3.1.1　安全目标的建立

建筑施工企业应依据企业的总体发展目标，制定企业安全生产年度及中长期管理目标。安全管理目标应该予以量化，并分解到各管理层及相关职能部门，定期进行考核。企业各管理层和相关职能部门应根据企业安全管理目标的要求制定自身管理目标和措施，共同保证目标实现。

企业的安全管理目标必须有正式文件和传阅记录，项目的安全管理目标必须有上级部门审批和传阅记录，如表3-1所示。

安全管理目标表　　　　　　　　　　　　　　　　　表3-1

施工单位（章）：

工程名称：

伤亡控制指标	
施工安全达标	
文明施工目标	

制表：　　　　　　审核：　　　　　制表日期：

3.1.2　安全生产管理机构及职能

由于建筑业安全事故频发，我国《安全生产法》第十九条以及《建筑施工企业安全生产管理机构设置及专职安全生产管理人员配备办法》（建质〔2008〕91号）都对建筑施工企业安全生产管理机构的设置以及专职安全生产管理人员的配备提出了相应的要求。《中华人民共和国安全生产法》第十九条规定：建筑施工单位和危险物品的生产、经营、存储单位，应当设置安全生产管理机构或者配备专职安全生产管理人员。安全生产管理机构是指建筑施工企业设置的专门负责安全生产监督管理工作的独立内设职能部门，配备专职安全生产管理人员。安全生产管理机构的主要职能是落实国家有关安全生产法律法规的规定、组织建筑施工企业内部各项安全生产检查活动、通过日常安全检查及时整改各种事故隐患、监督落实建筑企业安全生产责任制等，因而是建筑企业安全生产的重要组织保证。建筑企业安全生产管理机构一般具有以下职责：

（1）宣传和贯彻国家有关安全生产法律法规和标准；

（2）编制并适时更新安全生产管理制度并监督实施；

（3）组织或参与企业安全生产事故应急救援预案的编制及演练；

（4）组织开展安全教育培训与交流；

（5）协调配备项目专职安全生产管理人员；

（6）制订企业安全生产检查计划并组织实施；

（7）监督在建项目安全生产费用的使用；

（8）参与危险性较大工程的安全专项施工方案专家论证会；

（9）通报在建项目违规违章查处情况；

（10）组织开展安全生产评优评先进表彰工作；

（11）建立企业在建项目安全生产管理档案；

（12）考核评价分包企业安全生产业绩及项目安全生产管理情况；

（13）参加生产安全事故的调查和处理工作；

（14）其他安全生产管理职责。

建筑企业应该结合自身特点来建立安全生产管理机构，通常由公司层、项目层以及作业班组层构成。某建筑企业安全生产管理组织机构图如图 3-1 所示。

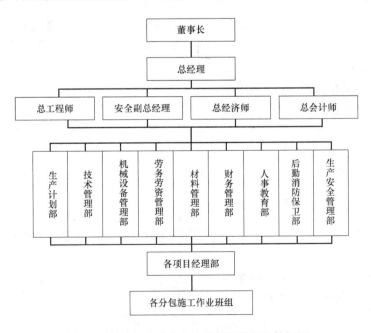

图 3-1 某建筑企业安全生产管理组织机构框图

3.2 　 安全生产教育

虽然建筑工程中发生工伤事故的因素众多，极其复杂，但可归结为两大因素，即直接因素（人—机—环境三者匹配上的缺陷）、间接因素（安全管理和安全教育存在问题）。事故间接因素是产生事故直接因素的原因，由此，事故间接因素是事故发生的根本因素。所以，加强安全管理和安全教育是实现安全生产的根本措施。

安全教育又称安全生产教育，是企业为提高职工安全技术水平和防范事故能力而进行的教育培训工作。安全教育是企业安全管理的重要内容，与消除事故隐患，创造良好劳动条件相辅相成，二者缺一不可。

3.2.1 　 安全教育的类别及形式

1. 按教育的内容分类

按教育的内容分类，安全教育主要有五个方面的内容，即安全法制教育、安全思想教育、安全知识教育、安全技能教育和事故案例教育，这些内容是互相结合、互相穿插、各有侧重的，形成安全教育生动、触动、感动和带动的连锁效应。

（1）安全法制教育

对职工进行安全生产、劳动保护方面的法律、法规的宣传教育，从法制的角度去认识安全生产的重要性，明确遵章守法、遵章守纪是每个职工应尽的职责，而违章违规的本质也是违法行为，轻则会受到批评教育，造成严重后果的，还将受到法律的制裁。

安全法制教育首先要使每个劳动者懂得遵章守法的道理，通过学法、知法来守法；其次是要同一切违章违纪和违法的不安全行为作斗争，以制止并预防各类事故的发生，实现安全生产的目的。

（2）安全思想教育

安全思想教育要从安全生产意义、安全意识教育和劳动纪律教育三方面进行。通过安全教育提高领导和职工对安全生产重要性及社会意义、经济意义的认识，提高各级管理人员和职工的安全意识，从而加强劳动纪律教育。

对职工进行深入细致的思想政治工作。其一，端正思想，提高对安全生产重要性的认识；其二，帮助理解和贯彻执行党和国家的安全生产方针、政策。

各级管理人员，特别是领导干部要加强对职工的安全思想教育，要从关心人、爱护人、保护人的生命与健康出发，重视安全生产，做到不违章指挥。工人要增强自我保护意识，施工过程中要做到互相关心、互相帮助、互相督促，共同遵守安全生产规章制度，做到不违章操作。

（3）安全知识教育

让职工了解施工生产中的安全注意事项和劳动保护要求，掌握一般安全基础知识。安全知识教育是一种最基本、最普通和经常性的安全教育活动。安全知识是生产知识的一个重要组成部分，在进行安全知识教育时，要结合生产知识交叉进行教育。可分为一般生产技术知识教育、一般安全技术知识教育、专业安全技术知识教育。

安全知识教育的主要内容是：本企业生产的基本情况，施工流程及施工方法，施工中的主要危险区域及其安全防护的基本常识，施工设施、设备、机械的有关安全常识，电气设备安全常识，车辆运输安全常识，高处作业安全知识，施工过程中有毒有害物质的辨别及防护知识，防火安全的一般要求及常用消防器材的使用方法，特殊类专业（如桥梁、隧道、深基础、异形建筑等）施工的安全防护知识，工伤事故的简易施救方法和报告程序及保护事故现场等规定，个人劳动防护用品的正确穿戴、使用常识等。

（4）安全技能教育

安全技能教育是在安全知识教育的基础上，进一步开展的安全操作技术教育，其侧重点是在安全操作技术方面使受教育者达到"应该会"的程度。它是通过结合本工种特点、要求，以培养安全操作能力为目标而进行的一种专业安全技术教育。主要内容包括安全技术、安全操作规程和劳动卫生规定等。

根据安全技能教育的对象不同，主要可分为以下两类。

1）对一般工种进行的安全技能教育。即除国家规定的特种作业人员以外，对其余所有工种，如钢筋工、木工、混凝土工和瓦工等的教育；

2）对特殊工种作业人员的安全技能教育。根据国家标准《特种作业人员安全技术考核管理规则》（GB 5306—85）的规定，特种作业共分十一种类别，与建筑行业有关的主要有：电工作业、锅炉司炉、超重机械作业、爆破作业、金属焊接（气割）作业、机动车辆驾驶、建筑登高架设作业等。

特种作业人员需要由专门机构进行安全技术培训教育，并对受教育者进行考试，合格后方可持证从事该工种的作业，同时还必须按期进行审证复训。因此，安全技能教育也是对特殊工种进行上岗前及定期培训教育的主要内容。

（5）事故案例教育

对一些典型事故的发生原因进行分析，总结事故教训及预防事故发生所采取的措施，引以为戒，不蹈覆辙。事故案例教育是一种独特的安全教育方法，它是通过运用反面事例，进行正面宣传遵章守纪，确保安全生产。因此，进行事故案例宣传教育时，应注意以下几点：

1）事故应具有典型性。要注意收集具有典型教育意义的事故，对职工进行安全生产教育。典型事故一般是施工现场常见的、有代表性的又具有教育意义的，这些事故往往是因违章引起的。如进入现场不戴安全帽、翻爬脚手架、高空抛物等。从这些事故中说明一个道理，"不怕一万，只怕万一"，违章作业不出事故是偶然性的，而出事故是必然性的，侥幸心理要不得。

2）事故应具有教育性。选择事故案例应当以教育职工遵章守纪为主要目的，指出违纪违章必然导致事故；不要过分渲染事故的恐怖性和不可避免性，减少事故的负面影响，从而真正起到用典型事故教育人的积极作用和警钟长鸣的效果。

当然，以上安全教育的内容往往不是单独进行的，而是根据对象、要求和时间等不同情况，有机结合开展。

2. 按教育的对象分类

安全教育按受教育者的对象分类，可分为领导干部的安全培训教育、一般管理人员的安全教育、新工人的三级安全教育、变换工种的安全教育、特种作业人员培训、班前安全活动及"五新"和复工的安全教育。

（1）领导干部的安全培训教育

通过对企业领导干部的安全培训教育，全面提高其安全管理水平，使其真正从思想上树立起安全生产意识，增强安全生产责任心，摆正安全与生产、安全与进度、安全与效益的关系，为进一步实现安全生产和文明施工打下基础。

（2）一般管理人员的安全教育

一般管理人员应了解国家的安全生产方针、政策和相关规定，从思想上认识到安全生产的重要性，增强安全生产的法制观念，熟悉刑法的有关条款，明确自己的安全生产职责、任务及实施方法，熟悉工艺流程，掌握预防事故的方法和急救措施，另外每年必须按要求参加规定学时的安全培训。

（3）新工人三级安全教育

对新工人（包括合同工、临时工、学徒工、实习和代培人员），必须按规定进行安全教育和技术培训，经考核合格，方准上岗。

三级安全教育是每个刚进企业的工人必须接受的首次安全生产方面的基本教育，三级安全教育是指公司（即企业）、项目（或工程处、工区）、班组三级。对新工人或调换工种的工人，必须按规定进行安全教育和技术培训，经考核合格，方准上岗。

1）公司级。新工人在分配到项目之前，必须进行初步的安全教育。

2）项目（或工程处、施工队及工区）级。项目级教育是新工人被分配到项目以后进行的安全教育。

3）班组级。岗位教育是新工人分配到班组后、开始工作前的一级教育。

4）三级教育的要求

① 三级教育一般由企业的安全、教育、劳动和技术等部门配合进行；

② 受教育者必须经过考试合格后才准予进入生产岗位；

③ 建立职工劳动保护教育卡，记录三级教育、变换工种教育等教育考核情况，并由教育者与受教育者双方签字后入册，如表 3-2 和表 3-3 所示。

（4）变换工种的安全教育

根据规定，企业待岗、转岗及换岗的职工，在重新上岗前，必须接受一次安全培训，时间不得少于 20 学时。工种之间的互相转换，有利于施工生产的需要，如果安全管理工作没有跟上，安全教育不到位，就可能给转岗工人带来伤害事故。因此，必须进行转岗安全教育。安全教育主要内容有：

1）本工种作业的安全技术操作规程；

2）本班组施工生产的概况介绍；

3）施工区域内各种生产设施、设备、工具的性能、作用、安全防护要求等。

（5）特种作业人员培训

特种作业是指在劳动过程中容易发生伤亡事故，对操作者本人及其周围人员和设施的安全有重大危险因素的作业。从事特种作业的人员即为特种作业人员。

电工、焊工、架子工、司炉工、爆破工、机操工及起重工、打桩机和各种机动车辆司机等特殊工种工人，除进行一般安全教育外，还要执行《关于特种作业人员安全技术考核管理规划》（GB 5306—85）的有关规定，按国家、行业、地方和企业规定进行本工种专业培训、资格考核，取得"特种作业人员操作证"后上岗。

（6）班前安全活动

工人三级安全教育记录卡　　　　表 3-2

姓　　名＿＿＿＿＿	三级安全教育内容		教育人	受教育人
	公司教育	进行安全基本知识、法规、法制教育,主要内容是: (1)党和国家的安全生产方针、政策; (2)安全生产法规、标准和法制观念; (3)本单位施工过程及安全生产规章制度、安全纪律; (4)本单位安全生产形势、历史上发生的重大事故及应吸取的教训; (5)发生事故后如何抢救伤员、排险、保护现场和及时进行报告	签名: 年　　月　　日	签名:
出生年月＿＿＿＿＿ 文化程度＿＿＿＿＿ 部　　门＿＿＿＿＿ 班　　组＿＿＿＿＿ 入队日期＿＿＿＿＿	工程项目部教育	进行现场规章制度和遵章守纪教育,主要内容是: (1)本单位施工特点及施工安全基本知识; (2)本单位(包括施工、生产现场)安全生产制度、规定及安全注意事项; (3)本工种的安全技术操作基础知识; (4)高处作业、机械设备、电气安全基础知识; (5)防火、防毒、防爆知识、紧急情况安全处置及安全疏散知识; (6)防护用品发放标准及防护用品、用具使用的基本知识	签名: 年　　月　　日	签名:
带教师傅＿＿＿＿＿ 家庭地址＿＿＿＿＿ 身份证号＿＿＿＿＿	班组教育	进行本工种岗位安全操作及班组安全制度、纪律教育,主要内容是: (1)本班组作业特点及安全操作规程; (2)班组安全活动制度及纪律; (3)爱护和正确使用防护装置(设施)及个人劳动防护用品; (4)本岗位易发生事故的不安全因素及其防范对策; (5)本岗位的作业环境及使用的机械设备、工具的安全要求	签名: 年　　月　　日	签名:

变换工种工人安全教育登记表　　　　表 3-3

原工种		变换工种		人数	
安全教育内容要求	1. 现场安全生产纪律和文明施工要求; 2. 危险作业部位及必须遵守的事项; 3. 本工种安全操作规程要点和易发生事故的地方、部位及其防范措施; 4. 明确岗位安全职责,个人防护用品及其防护装置的使用,设施的使用和维护; 5. 其他				
具体教育内容					
授课人职务:　　　签名:			教育时间		
受教育者签名					

注:特种作业人员若变换工种需按照有关规定重新培训和考核发证。

班组长在班前进行上岗交流、上岗教育，做好上岗记录。

1）上岗交底。内容包括：当天的作业环境、气候情况、主要工作内容和各个环节的操作安全要求，以及特殊工种的配合等。

2）上岗检查。检查内容包括：上岗人员的劳动防护情况，每个岗位周围作业环境是否安全无患，机械设备的安全保险装置是否完好有效，以及各类安全技术措施的落实情况等。

（7）"五新"和复工的安全教育

"五新"是指采用新技术、新工艺、新产品、新设备、新材料时，进行新操作方法和新工作岗位的安全教育。其教育内容包括 5 个方面：

1）"五新"的基础知识；

2）"五新"的性能、特点及其可能带来的危害；

3）采用"五新"后新的操作方法；

4）作业人员避免事故的发生而采取的防范措施，采用正确的劳动防护用品；

5）采用"五新"后发生异常情况时，应采取的应急措施。

复工教育指职工离岗三个月以上的（包括二个月）和伤后上岗前的安全教育，教育内容及方法和项目工区、班组教育相同，复工教育后要填写"复工安全教育登记表"。

3. 按教育的时间分类

按教育的时间分类，可以分为经常性的安全教育、季节性施工的安全教育和节假日加班的安全教育等。

（1）经常性的安全教育

经常性的安全教育是施工现场开展安全教育的主要形式，可以起到提醒、告诫职工遵章守纪，加强责任心，消除麻痹思想的作用。

经常性安全教育的主要内容有：

1）安全生产法规、规范、标准及规定；

2）企业及上级部门的安全管理新规定；

3）各级安全生产责任制及管理制度；

4）安全生产先进经验介绍、最近的典型事故教训；

5）新技术、新工艺、新设备、新材料的使用及有关安全技术方面的要求；

6）最近安全生产方面的动态情况，如新的法律、法规、标准、规章的出台，安全生产通报、批示等；

7）本单位近期安全工作回顾、讲评等。

（2）季节性的安全教育

季节性的安全教育主要是针对夏季与冬季因季节变化、环境不同，人对自然的适应能力的变化，所造成的不安全因素而进行的教育。

1）夏季安全教育

夏季高温、炎热、多雷雨，是触电、雷击、坍塌等事故的高发期。闷热的气候容易造成职工中暑，高温又使得职工夜间休息不好，打乱了人体的"生物钟"，往往容易使人乏力、走神、瞌睡，较易引起伤害事故；南方沿海地区在夏季还经常受到台风暴雨和大潮汛的影响，也容易发生大型施工机械、设施、设备翻倒及施工区域，特别是基坑等的坍塌；

多雨潮湿的环境，人的衣着单薄、身体裸露部位多，使人的电阻值减小，导电电流增加，容易引发触电事故。

2）冬季施工安全教育

冬季气候干燥、寒冷且常常伴有大风，受北方寒流影响，施工区域常出现霜冻，造成作业面及道路结冰打滑，既影响生产的正常进行，又给安全带来隐患；同时，为了施工和取暖需要，使用明火、接触易燃易爆物品的机会增多，又容易发生火灾、爆炸和中毒事故；寒冷天气人们衣着笨重、反应迟钝、动作不灵敏，也容易发生事故。

（3）节假日加班的安全教育

节假日期间加班，职工往往因思乡和工作情绪不高，造成思想不集中，注意力分散，给安全生产带来不利影响。

4．安全教育的形式

开展安全教育应当结合建筑施工生产特点，采取多种形式，有针对性地进行，还要考虑到安全教育的对象尽量采用比较浅显、通俗、易懂、印象深、便于记忆的教材及形式。目前安全教育的形式主要有：

1）会议形式，如安全知识讲座、座谈会、报告会、先进经验交流会、事故教训现场会、展览会、知识竞赛等；

2）报刊形式，订阅安全生产方面的书报杂志，企业自编自印安全刊物及安全知识小册子；

3）张挂形式，如安全宣传横幅、标语、标志、图片、黑板报等；

4）音像制品，如电视录像片、DVD 片、录音磁带等；

5）固定场所展示形式，如劳动保护教育室、安全生产展览室等；

6）文艺演出形式；

7）现场观摩演示形式，如安全操作方法、消防演习、触电急救方法演示等。

3.2.2 安全教育的对象和时间

1．建筑业企业职工每年必须接受一次专门的安全培训

（1）企业法定代表人、项目经理每年接受安全培训的时间，不得少于 30 学时。

（2）企业专职安全管理人员除按照建教［1991］522 号文《建设企事业单位关键岗位持证上岗管理规定》的要求，取得岗位合格证书并持证上岗外，每年还必须接受安全专业技术业务培训，时间不得少于 40 学时。

（3）企业其他管理人员和技术人员每年接受安全培训的时间，不得少于 20 学时。

（4）企业特殊工种（包括电工、焊工、架子工、司炉工、爆破工、机械操作工、起重工、塔吊司机及指挥人员、人货两用电梯司机等）在通过专业技术培训并取得岗位操作证后，每年仍须接受有针对性的安全培训，时间不得少于 20 学时。

（5）企业其他职工每年接受安全培训的时间，不得少于 15 学时。

（6）企业待岗、转岗、换岗的职工，在重新上岗前，必须接受一次安全培训，时间不得少于 20 学时。

2．建筑业企业新进场的工人，必须接受公司、项目、班组的三级安全培训教育，经考核合格后，方能上岗。

（1）公司安全培训教育的时间不得少于 15 学时。

（2）项目安全培训教育的时间不得少于 15 学时。

（3）班组安全培训教育的时间不得少于 20 学时。

3.2.3　安全教育记录资料编制

1. 安全教育记录资料编制的内容

安全教育记录资料是施工现场有关安全教育方面的具体资料，安全教育记录资料编制主要有以下几个方面：制定安全教育培训制度（包括农民工、临时工、特种工、变换工种等方面的培训制度）；全体进场职工三级安全教育档案的整理；收集各种安全培训记录及施工管理人员年度培训和专职安全员的年度考核评定等资料。

2. 安全教育档案

根据《建筑业企业职工安全培训教育暂行规定》要求，建筑业企业职工每年必须接受一次专门的安全培训，并制定形成《建筑业企业职工安全教育档案》，它是记录职工在企业接受安全培训教育的档案材料，建筑施工企业的所有职工（包括临时用工人员），必须一人一册。职工在本企业调动时，其教育档案随本人转移。建筑业企业职工安全教育档案的主要内容包括：

（1）安全教育培训制度；

（2）职工安全教育培训名单；

（3）职工安全教育档案；

（4）安全教育记录；

（5）转场安全教育记录；

（6）特种作业人员安全教育培训记录；

（7）施工管理人员年度安全培训登记表；

（8）职工劳务合同书；

（9）专职安全员年度考核评定表。

3.3　安全生产责任制

所谓安全生产责任制度，是指将各项保障生产安全的责任具体落实到各有关管理人员和不同岗位人员身上的制度。安全生产责任制是建筑企业岗位责任制的一个组成部分，是建筑企业中最基本的一项安全制度，也是建筑企业安全生产、劳动保护管理制度的核心。根据我国"安全第一、预防为主、综合治理"的安全生产方针，安全生产责任制综合各种安全生产管理、安全操作制度，对建筑企业各级领导、各职能部门、有关工程技术人员和生产工人在生产中应负的安全责任加以明确规定。

3.3.1　安全生产责任制的目的

最近几年我国建筑安全事故频发，其中一个主要原因就是建设工程各方责任主体安全生产责任落实不到位。特别是有些建筑施工企业对安全生产缺乏应有的重视，不按照规定建立健全安全生产责任制度，安全生产管理工作薄弱。一旦发生安全事故，就会出现相关人员职责不清、相互推诿，以及安全生产、劳动保护工作无人负责，致使工伤事故与职业病的发生。因此，建立建筑企业安全生产责任制的目的，一方面是增强建筑企业各级负责人员、各职能部门及其工作人员和各岗位生产人员对安全生产的责任感；另一方面是明确他们在安全生产中应履行的职责和应承担的责任，以充分调动各级人员和各部门在生产方面的积极性和主观能动性，确保安全生产。

3.3.2 安全生产责任制的要求

安全生产责任制作为保障安全生产的重要组织手段，通过明确规定各级领导、各职能部门和各类人员在施工生产活动中应负的安全职责，把"管生产必须管安全"的原则从制度上固定下来，把安全与生产从组织上统一起来，从而强化建筑企业各级安全生产责任，增强所有管理人员的安全生产责任意识，使安全管理纵向到底、横向到边、专管成线、群管成网，做到责任明确、协调配合，共同努力去实现安全生产。

因此，建立安全生产责任制的总要求是横向到底，纵向到边。具体还应该满足以下五项要求：

（1）必须符合国家安全生产法律法规和政策、方针的要求；

（2）与建筑企业管理体系协调一致；

（3）要根据本企业、部门、班组和岗位的实际情况制定，既明确、具体，又具有可操作性，防止形式主义；

（4）必须由专门的人员与机构制定和落实安全生产责任制，并应适时修订；

（5）应有配套的监督、检查等制度，以保证安全生产责任制真正落实到位。

3.3.3 安全生产责任制的制定

安全生产责任制度应对建筑生产经营单位和建筑企业安全生产的职责要求、职责权限、工作程序以及安全管理目标的分解落实、监督检查、考核奖罚作出具体规定，形成文件并组织实施，确保每个职工在自己的岗位上，认真履行各自的安全职责，实现全员安全生产。

安全生产责任制在制定过程中必须覆盖以下人员、部门和单位：

（1）企业主要负责人（即在日常生产经营活动中具有决策权的领导人，如企业法定代表人、企业最高行政管理人员等）；

（2）企业技术负责人（总工程师）；

（3）企业分支机构主要负责人；

（4）项目经理与项目管理人员；

（5）作业班组长；

（6）企业各层次安全生产管理机构与专职安全生产管理人员；

（7）企业各层次承担生产、技术、机械、材料、劳务、经营、财务、审计、教育、劳资、卫生、后勤等职能部门与管理人员；

（8）分包单位的现场负责人、管理人员和作业班组长。

就建筑施工企业而言，企业的安全生产责任制度，是本企业内部各个不同层次的安全生产责任制度所构成的保障生产安全的责任体系，主要包括：

（1）建筑施工企业主要负责人的安全生产责任制。企业的法定代表人应对本企业的安全生产负全面责任。

（2）企业各职能机构的负责人及其工作人员的安全生产责任制。就建筑施工企业来讲，企业中的生产、技术、材料供应、设备管理、财务、教育、劳资、卫生等各职能机构，都应在各自业务范围内，对实现安全生产的要求负责。

（3）岗位人员的安全生产责任制。岗位人员必须对安全负责，从事特种作业的人员必须经过安全培训，考试合格后方能上岗作业。

3.3.4 安全生产责任制的具体内容

安全生产责任制度是施工企业所有安全规章制度的核心。下面以某大型建筑企业安全生产责任制的具体内容为例，通过制定各级管理人员和作业人员的安全生产责任制度，建立一种分工明确，奖罚分明，运行有效，责任落实，能够充分发挥作用的、长效的安全生产机制，把安全生产落实到实处。

1. 企业各级管理人员安全生产责任

（1）企业法定代表人的安全生产责任

1）作为企业安全生产的第一责任者，认真贯彻执行国家和地方有关安全的方针政策和法规、规范、掌握本企业安全生产动态，定期研究安全工作，对本企业安全生产负全面领导责任。

2）领导编制和实施本企业中、长期整体规划及年度、特殊时期安全工作实施，建立健全和完善本企业的各项安全生产管理制度及奖惩办法。

3）建立健全安全生产工艺保证体系，保证安全技术措施经费的落实。

4）领导并支持安全管理人员或部门的监督检查工作，赋予安全生产部门管理权力，定期听取安全生产工作汇报。

5）在事故调查组织的领导下，领导、组织本企业有关部门或人员，做好特大、重大伤亡事故调查处理的具体工作，监督防范措施的制定和落实，预防类似事故再次发生。

（2）企业经理的安全生产责任

1）认真贯彻执行安全生产方针政策和法规，掌握本企业安全生产动态。每季度研究本企业安全生产工作，根据实际情况制定本企业安全生产方针和目标，领导本企业安全生产活动，对本企业安全生产负主要领导责任。

2）领导制定和实施本企业中、长期整体规划和年度生产经营工作计划的同时，制定和实施本企业中、长期安全生产规划和年度的安全生产工作计划。

3）建立健全本企业安全生产目标管理责任制，明确考核指标，组织本企业安全生产目标管理考核工作，并将安全生产考核指标与经济承包指标挂钩，实行安全生产一票否决制度。

4）领导本企业安全生产委员会，健全安全生产保证体系，并将安全生产工作纳入重要议事日程，严格执行企业领导安全值班制度。

5）建立健全本企业安全生产监督管理机构，配备足够的监督管理力量，完善安全生产监督管理手段，并将安全生产综合管理与监督的经费列入企业财务预算。

6）健全和完善本企业安全生产管理制度和奖惩办法，保证企业安全生产工作有计划、有目标、有检查、有落实、有考核、有奖罚。

7）本企业发生伤亡事故后，要亲临事故现场，组织事故的调查处理工作，研究制定防范措施并组织实施。

（3）企业主管安全生产副经理的安全生产责任

1）认真贯彻执行安全生产的方针政策和法规，掌握本企业安全生产动态，协助经理落实本企业各项安全生产管理制度，对本企业安全生产工作负直接领导责任。

2）组织实施本企业生产工作计划的同时，组织实施安全生产工作计划，组织落实安全生产责任制。

3）在计划、布置、检查、总结、评比生产工作的同时，计划、布置、检查、总结、评比安全生产工作。

4）审批施工组织设计与重点工程、特殊工程及专业性工程项目施工方案时，审核安全技术管理措施，制定本企业安全技术措施经费的使用计划。

5）领导组织本企业安全生产活动和安全生产宣传教育工作，领导组织本企业外省市施工队伍的审查与安全生产培训教育、考核工作。

6）领导本企业安全生产监督管理机构开展工作，每月召开安全生产例会，研究企业安全生产工作，领导组织本企业安全生产检查工作，及时解决生产过程中的安全生产问题。

7）本企业发生伤亡事故后，要亲临事故现场，领导组织因工伤亡事故调查、分析和处理过程中的具体工作。

（4）企业总工程师的安全生产责任

1）认真贯彻执行安全生产方针政策和法规，协助本企业经理做好安全生产方面的技术领导工作，对本企业安全生产工作负技术领导责任。

2）在组织编制或审批施工组织设计以及重点工程、特殊工程或专业性工程项目施工方案时，同时审查安全技术措施。

3）领导本企业安全技术攻关活动，确定企业职业安全卫生科研项目，并组织鉴定验收。

4）对本企业使用的新材料、新技术、新工艺从技术上负责，组织审查其使用和实施过程中的安全性，组织编制或审定相应的安全技术操作规程。

5）参与本企业伤亡事故的调查工作，从技术上分析事故原因，制定防范措施。

（5）企业总经济师的安全责任

1）按照企业和上级有关规定，编制安全生产技术措施费的规定和使用方案。

2）提出安全生产工作的经济可行性、重要任务和实施方案，起到经济杠杆作用，使安全生产经费被合理利用，产生出更好、更多、更积极的安全生产效益。

3）根据企业实际和有关规定，编制安全生产的各项经济政策和奖罚条例。

4）加强经济核算，统筹安排安全生产经费的筹集和使用。

5）总结和调查、研究安全生产工作各项措施和经费的实施情况，提出新的可行性方案。

（6）企业总会计师的安全责任

1）根据本企业规章制度，统筹落实安全生产材料、设备、技术经费。

2）按财务制度对审定的经费列入年度预算，确定各项经费需要并进行统一资金调度。

3）设立专项资金项目，随时调查、监督使用安全经费的情况，杜绝各类占用经费的现象。

4）年终进行安全经费使用情况的审计和总结。

5）及时向企业经理汇报安全经费使用情况，以利于领导正确决策。

2. 企业各职能部门安全生产责任

（1）生产计划部的安全生产责任

1）树立"安全第一"的思想，在编制年、季、月生产计划时，应保障安全与生产工作协调一致，组织均衡生产。

2）对于改善劳动条件以及为施工生产提供安全防护设施设备的工作项目，应作为正式工序，纳入生产计划优先安排。

3）检查生产计划实施情况的同时，要检查安全防护设施设备是否按照生产工序正常施工，并检查施工现场管理是否符合文明安全工地标准。

4）在生产与安全发生矛盾时，生产应服从安全工作的需要，在保证安全的前提下组织生产。

（2）技术管理部的安全生产责任

1）认真贯彻执行安全技术规范和安全操作规程，保障施工生产中安全技术措施的制定与实施。

2）在编制和审查施工组织设计或方案的过程中，应将安全技术措施贯穿于每个环节中，对确定的施工方案，要检查实施过程。当方案变更时，应及时组织修订安全技术措施。

3）在检查施工组织设计或施工方案实施情况时，要同时检查安全技术措施的实施情况。对施工中涉及安全方面的技术性问题，应及时提出解决办法。

4）对新技术、新材料、新工艺，应制定相应的安全技术措施和安全操作规程。

5）对改善劳动条件，减轻笨重体力劳动、消除噪声等职业安全卫生的技术治理方案负责研究解决。

6）参与事故中技术性问题的调查，分析事故原因，从技术上提出防范措施。

（3）劳务管理部的安全生产责任

1）对外地施工队伍严格审查施工资格，并进行定期的教育考核，将安全技术知识列为务工人员培训、考核的内容之一，对新进场的务工人员组织入场教育和资格审查，保证提供的劳务人员具有一定的安全生产素质。

2）严格执行特种作业人员持证上岗的有关规定，适时组织特种作业人员参加省市的培训取证工作。

3）认真落实劳动保护的法律规定，严格执行有关务工人员的劳动保护待遇，并监督实施情况。

4）参与伤亡事故的调查，从用工方面分析事故原因，提出防范措施。

（4）机械设备管理部的安全责任

1）对机械设备、锅炉压力容器及自制机械设备的安全运行负责，认真执行《建筑机械使用安全技术规程》和质量技术监督局关于特种设备、锅炉压力容器的相应规程，并监督各种设备的维修、保养管理工作。

2）建立定期设备检查制度。公司每季度、分公司每月组织检查。

3）按主管部门要求，按时完成建筑起重机械租赁、维修、拆装资质和锅炉压力容器安装资质审查申报工作，定期组织特种设备及锅炉压力容器安全检测工作。

4）对租赁的机械设备，要建立安全管理制度，确保租赁机械设备手续齐全、状况完好、安全可靠。

5）对新购进的机械设备、锅炉压力容器及大修、维修、外租回厂后的设备应严格检查和验收。新购进的设备要有完整的技术资料和出厂合格证，使用前制定安全操作规程，组织专业培训，向有关人员交底并进行鉴定验收；大修后的设备要保存好修理清单和验收资料。

6）参加施工组织设计、施工方案的会审，提出涉及机械安全的具体意见，同时负责监督实施。

7）参与机械设备伤亡事故及未遂事故的调查，分析事故原因，提出处理意见，制定防范措施。

（5）材料管理部的安全生产责任

1）凡购置各种机械设备、电气设施、脚手架、新型建筑装饰、防水材料等涉及人身安全的料具及设备，必须执行国家、省市及集团公司的有关规定，严格审查其产品合格证明资料，并同时做抽样检验。

2）施工现场购置各类建筑材料，应符合省市和集团公司有关文明施工和环境保护的要求。

3）采购劳动保护用品时，应严格审查其生产资质和产品合格证明材料，并抽样送交省市有关部门进行检测。对集团公司专控劳动保护用品，应按集团公司有关规定执行，接受安全管理部门和市质量技术监督部门的监督检查。

4）认真执行省市文明安全施工有关标准，做好施工现场料具管理，保证安全生产。

（6）财务管理部的安全生产责任

1）根据本企业实际情况及安全技术措施经费的需要，在资金安排上优先考虑安全技术措施经费、劳动保护经费及其他安全生产所需经费。

2）按照国家、省市以及企业对劳动保护用品的有关标准和规定，负责审查购置劳动保护用品的合法性。

3）协助安全主管部门办理安全生产奖金、罚款的手续。

（7）人事教育部的安全生产责任

1）根据国家、省市的有关要求及企业实际情况，配备具有一定文化程度、技术和实践经验的安全干部，保证安全干部的素质。

2）组织对新调入、转岗的工人及管理人员的安全生产培训教育工作。

3）按照上级有关规定，负责审查安全管理人员资格，有权向主管领导建议调整和补充安全管理人员。

4）参与伤亡事故的调查，认真执行对事故责任者的处理意见。

5）组织与施工生产有关的培训班时，要安排安全生产教育课程。

6）企业开办的专业学校，要设置劳动保护课程（课时不少于总课时的2%）。

7）将安全教育纳入职工教育计划，负责组织职工的安全技术培训和教育。

（8）消防保卫部的安全生产责任

1）贯彻执行上级有关消防保卫的法规、规程，协助领导做好消防保卫工作。

2）制定年、季消防保卫工作计划和消防安全管理制度，并对执行情况进行监督检查，参加施工组织设计方案的审批，提出具体建议并监督实施。

3）经常对职工进行消防安全教育，会同有关部门对特种作业人员进行消防安全教育考核工作；负责对冬季取暖炉的消防安全进行监督检查。

4) 组织消防安全检查，督促有关部门消除火灾隐患。

5) 负责调查火灾事故，提出处理意见。

6) 参与新建、改建、扩建工程项目的设计审查和竣工验收。

7) 负责施工现场的保卫，对新招收人员进行暂住证等资格审查，并将情况及时通知安全管理部门。

8) 对剧毒、易燃易爆的物品应按有关规定进行严格管理。

(9) 生产安全管理部的安全生产责任

1) 贯彻执行安全生产方针政策和法规，宣传贯彻企业各项安全生产规章制度，并监督检查执行情况。

2) 制定安全生产工作计划和方针目标，并负责贯彻实施。

3) 协助领导研究企业安全动态，组织调查研究活动，编制研究报告，制定或修改安全生产管理制度，负责审查本企业制定的安全操作规程，并对执行情况进行监督检查。

4) 协助领导组织本企业安全生产活动，宣传安全生产法规，提高全体施工生产人员的安全生产意识。

5) 组织本企业安全生产培训教育工作，定期对各单位主管生产的负责人、项目经理、外省市施工队伍负责人和外省市施工队伍务工人员进行安全生产培训教育和考核。组织违章人员学习班，负责审查特种作业人员培训教育和持证上岗情况，负责组织复工和转岗人员的安全教育。

6) 建立定期安全检查制度。企业每季度组织一次安全生产和文明施工检查。

7) 安全生产和文明施工检查中，发现重大事故隐患或违章指挥、违章作业时，有权制止并停止施工作业，或勒令违章人员撤出施工区域。遇有重大险情时，有权指挥危险区域内的人员撤离现场，并及时向上级报告。

8) 安全生产管理人员有权随时进入所辖范围内的施工现场进行检查，任何单位和个人不得拒绝接受检查，检查人员发现事故隐患均应签发"隐患通知单"，并由受检查单位项目负责人签字确认，组织整改，按时限要求及时反馈整改情况。

9) 安全生产监督管理人员有权对进入施工现场的单位或个人进行监督检查，发现不符合安全管理规定的情况应立即予以纠正。

10) 参加施工组织设计（或施工方案）的会审，对其中的安全技术措施签署意见，由编制人负责修改，并对安全技术措施的执行情况进行监督检查。

11) 参加生产例会，掌握施工生产信息，预测事故发生的可能性并提出防范建议，参加新建、改建、扩建工程项目的设计、审查和竣工验收。

12) 参加暂设电气工程的设计和验收，提出具体意见，并监督执行。

13) 参加各种脚手架的安装验收，及时发现问题，监督有关部门和人员解决。

14) 审核鉴定专控劳动保护用品，并监督使用情况。

15) 参加伤亡事故的调查，进行事故统计、分析，按规定及时上报，对伤亡事故和未遂事故的责任者提出处理意见。

3. 项目经理部各级人员安全责任

(1) 项目经理的安全生产责任

1) 认真贯彻执行安全生产方针政策和法规，落实企业安全生产各项规章制度，结合工程项目的特点及施工生产全过程，组织制定本工程项目安全生产管理办法，并监督实施。作为工程项目安全生产第一责任者，对工程项目生产全过程中的安全负全面领导责任。

2) 在组织工程项目管理体系时，必须根据工程项目特点、施工面积和参与施工的人员数量，成立安全生产委员会或安全生产领导小组，明确本工程项目专（兼）职安全管理人员。支持安全管理人员工作，不得阻挠安全管理人员行使职权。

施工面积在 5000 平方米以下或施工生产人员在 200 人以下的工程项目，应成立安全生产领导小组，配备专职或兼职安全管理人员。

施工面积在 5000 平方米以上、30000 平方米以下或施工生产人员在 200 人以上、500 人以下的工程项目，应成立安全生产领导小组，配备不少于 1 人的专职安全管理人员。

施工面积在 30000 平方米以上，或施工生产人员在 500 人以上的工程项目，应成立安全生产委员会，配备 2 名以上的专职安全管理人员。

3) 在组织工程项目施工前，必须明确各专业管理部门和关键岗位人员的安全生产责任考核指标和考核办法，每月组织实施考核，工程项目安全生产责任制的考核要与经济效益挂钩。

4) 健全完善用工管理制度，适时组织施工生产人员上岗前的安全生产教育，保证施工现场安全生产教育不少于规定学时，并保证施工人员的劳动防护用品的配备。

5) 组织落实施工组织设计（或施工方案）中的安全技术措施，组织并监督工程项目中安全技术交底和设施设备验收制度的实行。

6) 每月组织两次本项目的安全生产检查，及时组织相关人员消除事故隐患，对上级安全生产检查中提出的事故隐患和管理上存在的问题，定人、定时间、定措施予以解决，并按时将解决情况向上级反馈。

7) 领导组织本项目文明施工管理，贯彻落实安全施工管理标准、企业识别系统标准和国家有关环境保护工作的规定。

8) 本项目发生伤亡事故时，必须做到迅速抢救伤员，妥善保护现场，及时向上级报告事故情况，并配合有关部门进行事故调查，认真落实防范措施。

（2）项目技术负责人的安全生产责任

1) 认真贯彻执行安全生产方针政策和法规，落实企业安全生产各项规章制度，结合项目工程特点，主持项目工程安全技术交底工作，作为项目工程技术负责人，对本项目安全生产负有技术管理责任。

2) 参加或组织编制施工组织设计（或施工方案）的同时，制定安全技术措施，并保证其可行性和针对性，随时检查、监督和落实。

3) 主持制定技术措施计划和季节性施工方案的同时，制定相应的安全技术措施并监督执行，及时解决执行中出现的问题。

4) 项目工程应用新材料、新技术和新工艺时要及时上报，经上级批准后方可实施，同时要组织操作人员进行相应的安全技术培训，组织编制相应的安全操作规程、安全技术措施，进行安全技术交底，并进行监督。

5) 主持安全防护设施设备的验收工作，并做出结论性意见，严禁不符合安全要求的设施设备进入施工现场。

6）参加本项目安全生产检查，对施工中存在的不安全因素，从技术方面提出整改意见，消除隐患。参加伤亡事故和未遂事故的调查，从技术上分析事故原因，提出防范措施。

（3）施工员的安全生产责任

1）直接执行上级有关安全生产规定，对所辖班组（特别是外包工队）的安全生产负直接领导责任；

2）认真执行安全技术措施及安全操作规程，针对生产任务特点，向班组（包括外包工队）进行书面安全技术交底，履行签字认可手续，对规程、措施和交底要求执行情况经常检查，随时纠正作业违章；

3）经常检查所辖班组（包括外包工队）作业环境及各种设施、设备的安全状况，发现问题及时纠正解决，对重点、特殊部位施工，必须检查作业人员及各种设备、设施技术状况是否符合安全要求，严格执行安全技术交底，落实安全技术措施，并监督其执行，做到不违章指挥；

4）定期和不定期组织所辖班组（包括外包工队）学习安全操作规程，开展安全教育活动，接受安全部门或人员的安全监督检查，及时解决提出的不安全问题；

5）对分管工程项目应用的新材料、新技术、新工艺严格执行申报、审批制度，发现问题，及时停止使用，并上报有关部门或领导；

6）发生因工伤亡及重大未遂事故要保护现场，立即上报。

（4）安全员的安全生产责任

1）贯彻安全生产的各项规定，并模范遵守。

2）参与施工组织设计中的安全技术措施的制定及审查。

3）经常深入现场检查、监督各项安全规定的落实，消除事故隐患，分析安全动态，不断改进安全管理的安全技术措施。

4）对职工进行安全生产的宣传教育，对特种人员进行考核。

5）正确行使安全否决权，做到奖罚分明、处事公正，同时做好各级职能部门对本工程安全检查的配合工作。

6）参与企业伤亡事故的调查和处理，及时总结经验，防止类似事故再次发生。

（5）质量员的安全生产责任

1）遵守国家法令，执行上级有关安全生产规章制度，熟悉安全生产技术措施。

2）在质量监控的同时，顾及安全设施的完善与使用功能和各部位洞边的防护状况，发现不佳之处，及时通知安全员，落实整改。

3）悬空结构的支撑，应考虑安全系数，防止由于支撑质量不佳而引起坍塌，造成安全事故发生。

4）在施工中，严格控制与验收结构安装的预制构件质量，避免因构件不合格造成断裂，造成安全事故的发生。

5）在质量监控过程中，发现安全隐患，立即通知安全员和项目经理，同时有权责令暂停施工，待消除安全隐患后方可继续施工。

（6）材料员的安全生产责任

1）学习熟悉安全技术规范，遵守国家法令，执行上级部门关于安保方面的有关规定。

2）采购安全设施、材料物品及劳动保护用品时，应保证设施与物品的质量。不能以次充好，不允许劣质产品采购入库。

3）购买安全设施和劳保用品及防护材料时，应认准国家批准的设施和物品，同时取得合格品证书。

4）对于上门销售的安全设施劳保防护物品，除国家与有关部门认可外，一律不准采购，以防止劣质产品危害安全。

4. 生产班组长的安全生产责任

（1）认真遵守有关安全生产法律法规，根据本班组人员的技术任务、思想等情况合理安排工作，严肃认真地做好技术交底工作，对本班组成员在生产中的安全、健康负责。

（2）树立"安全第一"的思想，认真学习和钻研安全生产知识。采取多方面的方式、方法，努力提高自身的安全素质。

（3）做好班组的"三级安全教育"，并与被教育对象相互签字备查，开好班前班后安全会，支持安全员的督促、检查工作。对新工人进行现场安全教育，并在新工人未熟悉工作环境前，指定专人监护其人身安全。

（4）组织安全活动日。每周对工地进行一次周密检查，并结合工人思想情况开展针对性的安全活动。除了现场设备、防护设施之外，对工作环境、生活环境、生活卫生及班组职工个人卫生都要检查。

（5）教育本班组人员均能正确使用"安全三宝"。组织本班组职工学习安全制度和操作规程，大力提高本班职工的安全意识和自我保护能力，相互检查执行情况，使其懂得在任何情况下，均不得违章蛮干，不得冒险作业，不得擅自动用机械、电气设备，不得擅自拆除安全保护装置和安全防护设备，发现安全隐患时能主动排除、整改或报告领导。

（6）经常检查施工现场的安全、生产情况，发现问题及时解决之后才允许施工；对不能解决的问题，必须采取"监控"措施，并立即上报；高空作业、夜间作业、特殊场合作业，都要首先考虑安全生产的有关问题，做好充分准备然后才能生产。

（7）上班前，对所有使用的机具、设备、防护用具作安全检查，发现问题立即整改；专业机具由专业人员予以处理，使安全设施和劳保防护设置全部齐全有效，并听从安全员指导，接受改进意见，保证班组工作环境内的一切机具和设备达到完好率百分之百。

（8）做好上下班时安全事务的交接手续，本班职责必须本班完成，有特殊情况的交代下一班整改，待顺利交接后方可下班。班组有权拒绝违章指令，特殊情况可以越级报告。

（9）发生工伤事故，要及时上报并详细记录事故情况；组织全班组成员认真分析，提出防范措施并落实整改；发生重大伤亡事故要保护好事故现场，并立即上报。

（10）总结安全生产经验。为改善安全生产工艺与劳动条件，提出合理化建议，将好的做法和成功经验及时上报工地安全员，并转交企业安全管理部门，便于统一提高。

3.3.5 安全生产责任的考核

为明确建筑企业项目管理人员在施工生产活动中应负的安全职责，进一步贯彻落实安全生产责任制，建筑企业应对施工项目部管理人员的安全生产责任制落实情况实行定期考核。

考核对象一般包括项目经理、项目技术负责人、项目施工员、项目安全员、项目质量员、项目材料员和各班组长等。其中，项目经理安全生产责任考核内容包括：

（1）贯彻安全生产制度规程、规定；

（2）项目安全技术审查与贯彻；

（3）安全制度落实；

（4）安全专题会议；

（5）三级教育、日常教育；

（6）生活设施；

（7）文明施工；

（8）隐患整改；

（9）安全经费；

（10）工伤事故处理。

安全员生产责任考核内容包括：

施工现场安全员主要任务是负责施工现场安全工作的监督检查，对项目经理部及其专业管理岗位人员安全生产责任的教育及监督；

（1）各工种安全操作规程的完善与执行；

（2）安全文明施工的日巡查；

（3）事故隐患的报告、整改及验收；

（4）安全防护用具及机械设备的达标检查；

（5）对违纪、违规人员的处理；

（6）安全警示标志的设置及班前安全活动的督导；

（7）特种工上岗前的审验。

其他专业管理岗位人员生产责任考核内容包括：

其他专业管理人员安全生产责任制的考核，按其分管工作中涉及安全生产内容应承担的责任进行考核：

（1）安全生产、文明施工是否纳入本职工作；

（2）管辖范围内人员、物资、机械安全、文明状况；

（3）涉及安全、文明施工问题的及时处置情况。

考核人和考核期一般如下：企业负责考核项目经理，每季度考核一次；项目经理负责考核项目技术负责人、项目施工员、项目安全员、项目质量员、项目材料员、各班组长等，每月考核一次。

考核形式可采用考核表评分。考核评价以最后的得分为依据。

3.4　安全技术交底制度

施工安全技术交底是在建设工程施工前，项目部的技术人员向施工班组和作业人员进行有关工程安全施工的详细说明，并由双方签字确认。安全技术交底一般由技术管理人员根据分部分项工程的实际情况、特点和危险因素编写，它是操作者的法令性文件。

1. 施工安全技术交底的基本要求

（1）施工安全技术交底要充分考虑到各分部分项工程的不安全因素，其内容必须具体、明确、针对性强；

（2）施工安全技术交底应优先采用新的安全技术措施；

（3）在工程开工前，应将工程概况、施工方法、安全技术措施等情况向工地负责人、工长及全体职工进行交底；

（4）对于有两个以上施工队或工种配合施工时，要根据工程进度情况定期或不定期地向有关施工队或班组进行交叉作业施工的安全技术交底；

（5）在每天工作前，工长应向班组长进行安全技术交底，班组长每天也要对工人进行有关施工要求、作业环境等方面的安全技术交底；

（6）要以书面形式进行逐级的安全技术交底工作，并且记录交底的时间、内容，交底人和接受交底人要签名或盖章；

（7）安全技术交底书要按单位工程归放一起，以备查验。

2. 施工安全技术交底制度

（1）对于大规模群体性工程，总承包人不是一个单位时，由建设单位向各单项工程的施工总承包单位作建设安全要求及重大安全技术措施交底；

（2）大型或特大型工程项目，由总承包公司的总工程师组织有关部门向项目经理部和分包商进行安全技术措施交底；

（3）一般工程项目，由项目经理部技术负责人和现场经理向有关施工人员（项目工程部、商务部、物资部、质量和安全总监及专业责任工程师等）和分包商技术负责人进行安全技术措施交底；

（4）分包商技术负责人，要对其管辖的施工人员进行详细的安全技术措施交底；

（5）项目专业责任工程师，要对所管辖的分包商工长进行专业工程施工安全技术措施交底，对分包商工长向操作班组所进行的安全技术交底进行监督、检查；

（6）专业责任工程师要对劳务分包方的班组进行分部分项工程安全技术交底，并监督指导其安全操作；

（7）施工班组长在每天作业前，应将作业要求和安全事项向作业人员进行交底，并将交底的内容和参加交底的人员名单记入班组的施工日志中。

3. 施工安全技术交底的主要内容

（1）建设工程项目、单项工程和分部分项工程的概况、施工特点和施工安全要求；

（2）施工安全的关键环节、危险部位、安全控制点及采取相应的技术、安全和管理措施；

（3）"四口"、"五临边"的防护设施，其中"四口"为通道口、楼梯口、电梯井口、预留洞口；"五临边"为未安栏杆的阳台周边、无外架防护的屋面周边、框架工程的楼层周边、卸料平台的外侧边及上下跑道、斜道的两侧边（如表3-4所示）；

（4）项目管理人员应做好的安全管理事项和作业人员应注意的安全防范事项；

（5）各级管理人员应遵守的安全标准和安全操作规程的规定及注意事项；

（6）安全检查要求，注意及时发现和消除的安全隐患；

（7）出现异常征兆、事态或发生事故时应采取的应急救援措施；

（8）安全技术交底未尽的其他事项的要求（即应按哪些标准、规定和制度执行）。

格式如表3-4所示。

安 全 技 术 交 底   表 3-4

工程名称	××安居小区工程	施工部位或层次		基础、主体
施工内容	四口五临边	交底项目		交底日期

内容摘要：
  一、建筑施工井架进、出料口安全防护设施：
  井架进、出料口安全防护设施包括出料口的上料平台及栏杆、底层井架进料口前的防砸棚，严禁不设置上料平台及将井架紧靠建筑物搭设。
  1. 施工井架上料平台搭设：
  ①搭设上料平台材质必须采用钢管、钢管扣件，平台与各层楼板均应设置不少于两个连墙拉结点，拉结点必须采用刚性拉结，即用φ18～20钢筋从建筑物圈梁主钢筋引出，与平台钢架焊接。确保上料平台的稳定性。②上料平台长度必须比外墙脚手架外立杆宽0.5m，确保井架操作人员能看清上料平台与井架吊笼及人和物活动情况。每层上料平台大横担间距不宜大于25cm。（其他略）
  2. 井架底层进料口防砸棚设置：
  ①井架底层进料口前必须设置防砸棚。防砸棚材质可用钢管扣件搭设，也可用坚实、顺直的竹、木材质搭设。棚净高不小于3m，棚宽于井架两吊笼外侧0.2m，棚长度不小于3m。超过30m高井架，棚长度不小于5m，棚顶为两层，层距为0.7m。防砸棚顶部周边要用木板、竹笆板或安全密目立网围密。防砸棚两侧分别设两道栏杆，入口处要设门加锁，防止下班后闲人误入井架工作区。②井架底层除进料方向设防护门外，另外三个非工作面都必须全封闭防护，防止人员从吊篮下方通道进出。（其他略）

交底人		被交底人	
项目负责人			

执行情况	
	安全员： 年 月 日

注：本表一式3份，交底人、安全员、被交底人各1份

3.5 安全应急救援预案

近年来，我国政府相继颁布的一系列法律法规，对特大安全事故、重大危险源等应急救援和应急预案工作提出了相应的规定和要求。《安全生产法》第十七条规定：生产经营单位的主要负责人具有组织制定并实施本单位的生产安全事故应急救援预案的职责。第六十八条规定：县级以上地方各级人民政府应当组织有关部门制定本行政区域内特大生产安全事故应急救援预案，建立应急救援体系。2006年国务院又发布了《国家安全生产事故灾难应急预案》，它适用于特别重大安全生产事故灾难。说明，安全应急预案已经成为安全管理的重要组成部分。

3.5.1 应急救援与应急救援预案

1. 基本概念

应急救援是指有害环境因素和危险源控制失效的情况下，为预防和减少可能随之引发的伤害和其他影响，所采取的补救措施和抢救行动。应急救援组织是施工单位内部专门从事应急救援工作的独立机构。

应急救援预案是指事先制定的关于生产安全事故发生时进行紧急救援的组织、程序、措施、责任以及协调等方面的方案和计划，涵盖事故应急救援工作的全过程。应急救援体系综合了保证应急救援预案的具体落实所需要的组织、人力、物力等各种要素及其调配关系，是应急救援预案能够落实的保证。

2. 应急救援的管理

应急救援的管理要求如下：

（1）项目经理部在危险源、环境因素识别、评价和控制策划时，应事先确定可能发生的事故或紧急情况，如火灾、爆炸、触电、高处坠落、物体打击、坍塌、中毒和特殊气候影响等；

（2）制定应急救援预案及其内容，准备充分数量的应急救援物资，并应定期按应急救援预案进行演练；

（3）演练或事故、紧急情况发生后，应对相应的应急救援预案的适用性和充分性进行评价，找出存在的不稳定因素，并进一步修订完善；

（4）为了吸取教训，防止事故的重复发生，一旦出现事故，项目经理部除按法律法规要求配合事故调查、分析外，还应主动分析事故原因，制定并实施纠正措施或预防措施。

3. 应急救援预案编制要求和原则

（1）编制要求

应急救援预案的编制应根据对危险源与环境因素的识别结果，确定可能发生的事故或紧急情况的控制措施失效时所应采取的补充措施和抢救行动，以及针对可能随之引发的伤害和其他影响所采取的措施。应急救援预案的编制应与安全生产保证计划同步编写。

应急救援预案涵盖事故应急救援工作的全过程，适用于项目施工现场范围内可能出现的事故或紧急情况的救援和处理。

工程总承包单位应当负责统一编制应急救援预案，工程总承包单位和分包单位按照应急救援预案，各自建立应急救援组织或者配备应急救援人员，配备救援器材、设备，并定期组织演练。

（2）编制原则

1）落实组织机构，统一指挥，责权明确。

应急救援预案中应当落实组织机构、人员和职责，强调统一指挥，明确施工单位和其他有关单位的组织、分工、配合、协调。施工单位应急救援措施组织机构一般由公司总部、项目经理部两级构成，公司总部应急救援组织机构示例见图 3-2，施工现场项目经理部应急救援组织示例见图 3-3。

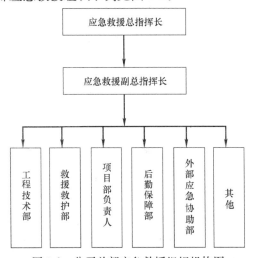

图 3-2 公司总部应急救援组织机构图

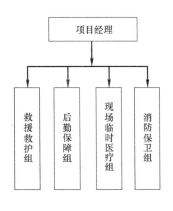

图 3-3 项目经理部应急救援组织机构图

2）重点突出，具有针对性。

结合本施工单位或本工程项目的安全生产的实际情况，确定易发生事故的部位，分析可能导致发生事故的原因，有针对性地制定应急救援预案。

3）程序简单，具有可操作性。

应急救援预案必须具体、明确、条理清楚，保证在突发事故时，具有可操作性。

3.5.2 应急救援预案的内容

1. 应急救援预案的重点

（1）计划概况：即对应急救援管理提供一个简述和必要的说明（简介、有关概念、应急组织及职责等）；

（2）预防程序：即对潜在灾害（事故）进行确认并采取减缓灾害（事故）的有效措施（危害辨识、评价和监控，制定法规、规程等）；

（3）准备程序：即说明应急行动前所需采取的准备工作（培训程序、演习程序等）；

（4）基本应急程序：即任何灾害（事故）都可适用的应急行动程序（报警程序、通信程序、疏散程序等）；

（5）特殊危险应急程序：即针对特殊危险性灾害（事故）的应急程序（如化学泄露等）；

（6）恢复程序：即灾害（事故）现场应急行动结束后所需采取的清除和恢复程序（事故调查、后果评价、清除与恢复等）。

2. 应急救援预案的要素

应急预案内容应该包括以下 8 个部分 28 个要素：

（1）基本内容。

（2）应急方针与原则。

（3）应急工作策划，具体内容有：

1）危险辨识与评价；

2）应急资源评价；

3）应急机构与职责；

4）应急机制；

5）法律法规要求。

（4）应急准备（程序），具体内容有：

1）应急救援设备（施）、物资；

2）应急救援人员培训；

3）预案演习；

4）公众教育；

5）应急互助协议。

（5）应急响应（程序），具体内容有：

1）报警程序；

2）警报和紧急公告；

3）指挥与控制；

4）通信；

5）人群疏散与安置；

6）警戒与治安；

7）医疗与卫生服务；

8）现场监测（事态检测）；

9）现场抢险与控制；

10）应急人员安全；

11）环境保护；

12）信息发布管理；

13）应急救援资源管理。

（6）现场恢复与事故调查（程序）。

（7）应急预案维护与改进（程序）。

（8）应急预案支持附件。

3.5.3 施工现场项目经理部应急救援预案示例

1. 目的

2. 使用范围

3. 组织机构和职责

（1）领导小组组长（项目经理部负责人）： 　　　　　　电话：

副组长： 　　　　　　电话：

组员：

办公场所（指挥中心）： 　　　　　　电话：

职责：

（2）救援救护组组长： 　　　　　　电话：

成员：

职责：

（3）后勤保障组组长： 　　　　　　电话：

成员：

职责：

（4）现场临时医疗组组长： 　　　　　　电话：

成员：

职责：

（5）消防保卫组长： 　　　　　　电话：

成员：

职责：

施工现场项目经理部应急救援组织机构如图 3-3 所示。

4. 应急救援指挥流程图

施工现场项目经理部重大安全事故应急救援指挥程序如图 3-4 所示。

5. 救护器材与人员培训

急救工具、用具：（列出急救的器材、名称）

救护人员培训：

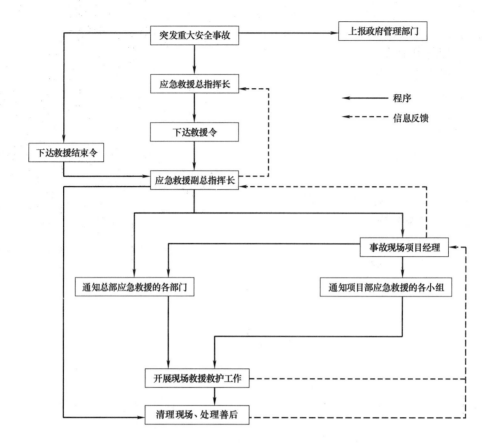

图 3-4　施工现场项目经理部重大安全事故应急救援指挥程序图

6. 应急响应与救援程序

(1) 一般事故的应急响应与救援程序

1) 当事故或紧急情况发生后，应明确由谁向谁汇报，同时采取什么措施防止事态扩大；

2) 现场项目负责人如何组织处理，同时，在多少时间内向公司负责人或主管部门汇报。

(2) 重大事故的应急响应与救援程序

1) 重大事故发生后，由谁在最短时间内向项目负责人汇报，如何组织抢救、由谁指挥、配合对伤员、财务的急救处理，防止事故扩大；

2) 项目经理部立即汇报

① 向内汇报：多少时间、报告哪个部门、报告的内容；

② 向外报告：什么事故可以由项目经理部直接向外报警；什么事故应由项目经理部上级公司向有关管理部门上报。

7. 演练和预案的评价及修改

(1) 项目经理部还应规定平时定期演练的要求和具体项目；

(2) 演练或事故发生后，对应急救援预案的实际效果进行评价和修改预案的要求。

思 考 题

1. 建筑施工企业如何建立安全管理控制目标?

2. 建筑施工企业如何设置安全生产管理机构及其职责是什么?

3. 阐述我国建立建筑企业安全生产责任制的目的和要求。

4. 以我国建筑施工企业为例,试述建立安全生产责任制的具体内容。

5. 简述建筑企业应如何开展安全生产责任制的考核工作。

6. 简述安全教育的类别、形式、对象、时间和内容。

7. 简述经常性安全教育的主要内容。

8. 阐述安全教育记录资料编制内容。

9. 试述施工安全技术交底的主要内容。

10. 简述应急救援预案的内容有哪些?

第4章　建筑工程安全策划与控制

4.1　建筑工程安全策划

建筑工程安全策划，是指针对建筑工程的规模、结构、技术和环境特点等，通过识别和评价建筑工程项目施工过程中的危险源和环境因素，确定安全目标，并规定必要的控制措施、资源配置和活动顺序要求，编制和实施安全生产保证计划，以实现安全目标的活动。

4.1.1　建筑工程安全策划依据和原则

1. 建筑工程安全策划依据

建筑工程施工安全策划的依据：国家和地方安全生产、劳动保护、环境保护及消防等法律法规和方针政策；国家和地方建筑工程安全生产法律法规和方针政策；建筑工程安全生产技术规范、规程、标准和其他依据等。

2. 建筑工程安全策划原则

建筑工程安全策划原则包括以下几个方面，如图 4-1。

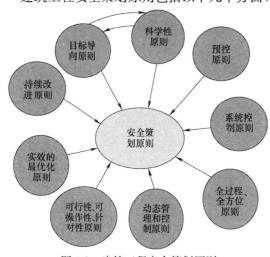

图 4-1　建筑工程安全策划原则

（1）目标导向原则

应坚持目标导向的原则，通过对危险因素和环境因素的识别、评价和控制策划，符合法律法规规定，适应技术、财务、运行和经营的要求等，制定安全目标，实施建筑工程施工安全控制，并努力实现该目标。坚持目标导向原则，体现了现代安全管理的思想。

（2）预控原则

在建筑工程项目实施过程中，必须坚持"安全第一，预防为主"的安全管理原则，体现安全管理和控制的预知与预控作用，针对建筑工程项目的施工全过程制定预警措施，体现了建筑工程项目安全管理的主动控制、事前控制思想。

（3）系统控制原则

建筑工程安全控制是与投资、进度、质量控制三大目标同时进行的，因此协调好与投资控制、进度控制和质量控制的关系非常重要，应极力做到四大目标控制的有机结合和相互平衡，力求实现整个目标系统最优。

（4）全过程、全方位原则

工程安全策划要覆盖建筑工程生产的全过程和全部内容，必须使安全措施贯穿于工程项目安全生产的全过程，并对工程所有工作内容都要进行安全控制，以实现系统的安全。

（5）动态管理和控制原则

必须遵循动态控制的原则，建筑工程生产的全过程中的不安全因素是变化的、动态的，必须对工程安全生产实施动态控制。

（6）可行性、可操作性、针对性原则

按照工程项目的实际情况和实事求是的原则，安全控制方案应具有可行性和可操作性，安全技术措施应具有针对性。

（7）实效最优化的原则

建筑工程项目安全策划应遵循实效最优化的原则，既不盲目的扩大项目投入，又不得以取消和减少安全技术措施经费来降低项目成本。而是在确保安全目标的前提下，坚持经济投入、人力投入和物力投入最优化的原则。

（8）持续改进原则

工程安全生产是一种动态的生产活动，必须坚持持续改进的原则，以适应变化的安全生产活动，不断提高安全管理和控制水平。

（9）科学性原则

建筑工程项目的安全策划应代表最先进的生产力和最先进的管理方法，遵守国家的法律法规，遵照地方政府的安全管理规定，执行安全技术标准和安全技术规范，科学指导工程项目安全开展。

4.1.2 建筑工程安全目标与内容策划

1. 安全目标策划

建筑工程项目安全管理目标是项目根据企业的整体目标，在分析外部环境和内部条件的基础上，确定工程安全生产所要达到的目标。

建筑工程安全目标是实施建筑工程项目安全管理所要达到的各项具体指标，是安全控制的努力方向。

（1）建筑工程安全管理目标

建筑工程安全目标包括控制目标、管理目标和工作目标，见表4-1。

建筑工程安全目标 表4-1

安全目标	内　　容
控制目标	杜绝因工重伤、死亡事故的发生； 负轻伤频率控制在 6‰以内； 不发生火灾、中毒和重大机械事故； 无环境污染和严重扰民事件。
管理目标	及时消除重大事故隐患，一般隐患整改率达到95%； 扬尘、噪声、职业危害作业点合格率100%； 保证施工现场达到当地省(市)级文明安全工地。
工作目标	建筑工程施工现场实现全面安全教育。 特种作业人员持证上岗率达到100%； 操作人员三级安全教育率达到100%； 按期开展安全检查活动,隐患整改做到"四定",即:定整改责任人、定整改措施、定整改完成时间及定整改验收人； 认真把好建筑工程安全生产的"七关",即:教育关、措施关、交底关、防护关、文明关、验收关及检查关； 认真开展重大安全生产活动和工程项目的日常安全活动。

（2）建筑工程安全目标制定时应考虑的因素

1）上级机构的整体方针和目标；

2）危险源和环境因素识别、评价和控制策划的结果；

3）适应法律法规、标准规范和其他要求；

4）可以选择的技术方案；

5）财务、运行和经营上的要求；

6）相关方的意见。

（3）建筑工程安全目标的内容

安全目标通常包括：

1）杜绝重大伤亡、设备、管线、火灾和环境污染事故；

2）一般事故频率控制目标；

3）安全标准化工地创建目标；

4）文明工地创建目标；

5）遵循安全生产、劳动保护、文明施工、环境保护方面有关法律法规和标准规范以及对员工和社会要求的承诺；

6）其他需满足的总体目标。

（4）建筑工程安全目标制定的要求

1）工程安全目标的制定要明确、具体，并具有针对性；应针对项目经理部各个层次，进行目标分解；工程项目安全目标应可量化；

2）施工技术措施及可选取的技术方案；

3）项目责任部门及责任人；

4）建筑工程项目完成期限。

2. 安全内容策划

（1）建筑工程安全策划的依据

1）国家和地方安全生产、劳动保护、环境保护、消防等法律法规和方针政策；

2）国家和地方建筑工程安全生产法律法规和方针政策；

3）建筑工程实施过程中采用的主要技术规范、规程、标准和其他依据。

（2）工程概况

1）本建筑工程项目承建单位所应承担的任务及范围；

2）工程项目性质、地理位置及特殊要求；

3）主要工艺、材料、半成品、成品、设备及其主要危害概述；

4）新建、改建、扩建前的职业安全卫生状况。

（3）危险源和环境因素的识别、评价和控制策划

基于对建筑工程的规模、类型、特点及自身管理水平等情况的考虑，建筑工程施工单位应充分识别施工各个阶段、部位和场所所需控制的危险源和环境因素，列出危险源清单，并采用适当的方法，评价已识别的全部危险源、环境因素对施工现场场界内外的影响，将其中导致事故发生的可能性较大，且事故发生会造成严重后果的危险源定义为重大危险源和重大环境因素；同时，建立相应的管理档案，其内容应包括危险源与环境因素识别、评价结果和清单。

根据评价结果，结合建筑工程安全生产相关法律法规、标准规范要求，施工单位应对危险源和环境因素的控制进行策划并形成文件。对重大危险源、重大环境因素的控制，如土方开挖工程、基坑支护和降水工程等，应制定专项施工方案，并经总监理工程师签字后方能实施，特别是深基坑、地下暗挖工程、高大模板工程的专项施工方案，施工单位还应当组织专家进行论证审查。同时，应针对重大危险源、重大环境因素，如高处坠落、物体打击、坍塌、触电、中毒及其他群死群伤的事故，施工单位应建立和制定应急救援预案。施工过程中发生工程变更、施工方案改变、法规修订、发生安全事故时，施工单位应及时更新危险源和环境因素识别、评价和控制策划的结果。

（4）建筑及场地布置

1）根据场地自然条件预测的主要危险因素及防范措施；

2）建筑工程总体布置中易燃易爆、有毒物品造成的影响及防范措施；

3）临时用电变压器周边环境；

4）建筑工程的施工是否对周边居民出行造成影响。

（5）适用法律法规、标准规范和其他要求

根据建筑工程所在地的实际情况，项目经理部应建立有效渠道，识别并获取适用于工程施工现场安全生产、环境保护、职业健康安全的法律法规与标准规范，并编制适用法律法规、标准规范和其他要求的清单。

当法律法规或其他要求修订、变化时，应及时更新适用法律法规、标准规范和其他要求清单。

（6）主要安全防范措施

1）根据全面分析各种危险因素确定的施工工艺路线，选用可靠装置设备，按生产、火灾危险性分类设置的安全设施和必要的检测、检验设备；

2）针对危险源和环境因素，编制相应的安全技术措施，制定出具体的安全技术、安全防护措施和作业安全注意事项；

3）按照爆炸和火灾危险场所的类别、等级、范围，选择电气设备的安全距离及防雷、防静电及防止误操作等设施；

4）对专业性、危险性大的项目，必须编制专项施工方案，制定详细的安全技术和安全管理措施；

5）对可能发生的事故作出预案、方案及抢救、疏散和应急措施；

6）对危险场所和部位如高空作业、外墙临边作业，以及冬期、雨期、高温天气等危险期间应采用防护设备、设施等安全措施。

（7）安全检查和安全措施经费

建筑工程安全检查包括安全生产责任制、安全生产保证计划、安全组织机构、安全技术管理、安全教育培训、设备安全管理、安全持证上岗、安全设施、安全标识、操作行为、违规管理、安全记录等。

建筑工程安全措施经费有：主要生产环节专项防范设施费用，检测设备及设施费用，安全教育设备及设施费用及事故应急措施费用等。

（8）安全生产保证计划

应针对建筑工程的类型和特点，依据危险源和环境因素识别、评价和控制策划结果，适用法律法规、标准规范和其他要求，根据已确定的安全目标，在开工前进行施工现场安全生产保证计划的策划和编制，由项目部经理批准报上级审批后方可实施。

安全生产保证计划是生产计划的重要组成部分，已经成为改善劳动条件、搞好安全生产工作的非常重要的一部分。

4.1.3　安全保证体系策划

完善安全管理体制，建立健全安全管理制度、安全管理机构和安全责任制是安全管理的重要内容，也是实现安全生产目标管理的组织保证。

为适应社会主义市场经济的需要，1993 年国务院将原来的"国家监察、行政管理、群众监督"的安全生产管理体制，发展为"企业负责、行业管理、国家监察、群众监督、劳动者遵章守纪"。考虑到许多事故发生的原因是由于劳动者不遵守规章制度，违章违纪造成的，所以增加了"劳动者遵章守纪"这一规定，而工程项目安全保证体系就是按照这样的安全生产管理体制建立和健全起来的。

安全保证体系主要包括安全生产管理机构和人员、安全生产责任体系、安全生产资源和安全生产管理制度等。

1. 安全生产管理机构和人员

《建设工程安全生产管理条例》第二十三条规定："建筑工程施工单位应当设立安全生产管理机构，配备专职安全生产管理人员。"安全生产管理机构主要负责落实国家有关安全生产的法律法规和工程建设强制性标准，对安全生产措施的落实进行监督，组织工程施工单位进行内部的安全生产检查活动，及时整改各种安全事故隐患以及日常的安全检查。

专职安全生产管理人员主要职责是负责安全生产，并进行现场监督检查；若发现安全事故隐患，应及时的向项目负责人和安全生产管理机构报告；而对于违章指挥、违章作业行为应当及时制止。

工程项目经理部应建立以项目经理为组长的安全生产管理小组，按工程规模设安全生产管理机构或配备由施工企业派出的专职安全生产管理人员。

安全管理人员的配置，主要根据施工现场的面积或相应造价来决定的，配置情况如表4-2。

安全管理人员配备表 表 4-2

施工面积或造价	安全管理人员
施工面积 1 万 m² 以下或者相应造价的工程	至少配备 1 名专职安全生产管理人员
施工面积 1 万 m² 以上或者相应造价的工程	设 2~3 名专职安全生产管理人员
5 万 m² 及以上的大型工程	应由总承包单位组织不同专业分包单位安全生产管理人员共同组成安全管理组；对于分包单位，从业人员在 50 人及以上时，每 50 人应配备专(兼)职安全管理人员 1 名

2. 安全生产责任体系

建筑工程项目是安全生产工作的载体，具体组织和实施项目安全生产工作，是企业安全生产的基础组织，负有全面责任。

（1）建筑工程项目安全生产责任体系分为三个层次：

1）项目经理作为建筑工程项目施工安全生产第一负责人，由其组织和聘用施工项目安全负责人、技术负责人、生产调度负责人、机械管理负责人、消防管理负责人、劳务管理负责人及其他相关部门负责人组成安全决策机构；

2）分包队伍负责人作为本队伍安全生产第一责任人，组织本队伍执行总包单位安全管理规定、法规以及各项安全决策，组织安全生产；

3）作业班组负责人（或作业人员）作为本班组或作业区域安全生产第一责任人，贯彻执行上级指令，保证本区域、本岗位安全生产。

（2）建筑工程项目应履行下列安全生产责任：

1）贯彻落实各项安全生产的法律、法规、规章及制度，组织实施各项安全管理工作，完成实际下达的各项考核指标；

2）建立并完善项目经理部安全生产责任制和各项安全管理规章制度，组织开展安全教育、安全检查，积极开展日常安全活动，监督、控制分包队伍执行安全规定，履行安全职责；

3）建立工程安全生产组织机构，设置安全专职人员，切实保证安全技术措施经费的落实和投入；

4）制定并落实工程建设项目施工安全技术方案和安全防护技术措施，为作业人员提供安全的生产作业环境；

5）发生安全伤亡事故时，应及时上报，并保护好事故现场，积极抢救伤员，认真配合事故调查组开展伤亡事故的调查和分析，按照"四不放过"原则，落实整改防范措施，对责任人员进行处理。

3. 安全生产资源保证体系

建筑工程项目的安全生产必须有充足的资源做保障。安全生产资源投入包括人力资源、物资资源和资金的投入。

（1）人力资源。人力资源包括配置专职安全生产管理人员、高素质技术人员、操作工人及安全教育培训投入等。

（2）安全物资。安全物资资源投入包括进入现场材料的把关和料具的现场管理以及机电、起重设备、锅炉、压力容器及自制机械等资源的投入。为防止假冒、伪劣或存在质量缺陷的安全物资流入施工现场，造成安全隐患，项目经理部应对安全物资供应单位的评价和选择、供货合同条约和进场安全物资的验收作出具体规定，并组织实施。

建筑工程施工过程中应加强安全物资的维修保养等管理工作。

（3）资金投入

建筑工程施工现场安全生产资金主要包括：施工安全防护用具及设施的采购和更新的资金；安全施工措施的资金；改善安全生产条件的资金；安全教育培训的资金；事故应急措施的资金。

项目部经理应制定安全生产资金保障制度，落实和管理好安全生产资金。

4. 安全生产管理制度

安全生产管理制度包括十六项内容，见图4-2。

（1）安全生产许可制度

施工单位应当具备安全生产条件，《建筑施工企业安全生产许可证管理规定》（建设部

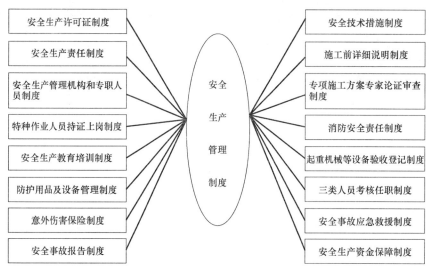

图 4-2　安全生产管理制度内容

令 128 号）明确规定，国家对建筑施工企业实行安全生产许可制度，建筑施工企业未取得安全生产许可证的，不得从事建筑施工活动。

（2）安全生产责任制度

安全生产责任制度是指企业对项目经理部各级领导、各个部门及各类人员所规定的各自职责范围内对安全生产应负责任的制度。

安全生产责任制，应充分体现责、权、利相统一，根据"管生产必须管安全"、"安全生产人人有责"的原则，明确各级领导、各职能部门和各类人员在施工生产活动中应负的安全责任。

（3）安全生产管理机构和专职人员制度

安全生产管理机构是指施工单位专门负责安全生产管理的内设机构，人员为专职人员，其职责为负责落实国家有关安全生产的法律法规和工程建设强制性标准，监督安全生产措施的落实，组织施工单位进行内部的安全生产检查活动，及时整改各种安全隐患以及日常的安全生产检查。

（4）特种作业人员持证上岗制度

特种作业人员是指从事特殊岗位作业的人员，岗位有较大的危险性，容易发生人员伤亡事故，对操作者本人、他人及周围设施的安全有重大危害。特种作业人员必须按照国家有关规定经过专门的安全作业培训，并取得特种作业操作资格证书后，方可上岗作业。

（5）安全生产教育培训制度

安全教育主要包括安全生产思想教育、安全知识教育、安全技能教育及法制教育等方面，其中对新职工的三级安全教育是安全生产的基本教育制度。培训制度主要包括对建筑工程施工单位的管理人员和作业人员的定期培训，特别是在采用新技术、新的施工工艺、新设备和新材料时，对作业人员的培训。

（6）防护用品及设备管理制度

防护用品及设备管理制度是指施工单位采购、租赁的安全防护用具、机械设备、施工工具及配件、应当具有生产（制造）许可证、产品合格证，并在进入现场前进行查验。同时，做好防护用品和设备的维修、保养、报废和资料档案管理。

（7）意外伤害保险制度

意外伤害保险是由施工单位作为投保人与保险公司订立保险合同的法定强制性保险。以施工单位从事危险作业的人员作为被保险人，当被保险人在施工作业中发生意外伤害事故时，由保险公司按照合同约定向被保险人或者受益人支付保险金。该项保险是施工单位必须办理的，以维护施工现场从事危险作业人员的利益。

（8）安全事故报告制度

施工单位按照国家有关伤亡事故报告和调查处理的规定，及时、如实地向负责安全生产的监督管理部门、建设行政主管部门或者其他有关部门报告；特种设备发生事故的，还应当同时向特种设备安全监督管理部门报告，实施施工总承包的建设工程，由总承包单位负责上报事故。

（9）安全技术措施制度

安全技术措施是指为防止工伤事故和职业病的危害，从技术上采取的措施。在工程施工中，具体针对工程特点、环境条件、劳动组织、作业方法、施工机械和供电设施等制定确保安全施工的措施。

（10）施工前详细说明制度

施工前详细说明制度，即技术交底制度，指在施工前，施工单位负责下的项目管理技术人员应将工程概况、施工方法、安全技术措施等情况向作业工长、作业班组、作业人员进行详细的讲解和说明。

（11）专项施工方案专家论证审查制度

对于结构复杂、危险性大、特性较多的特殊工程，如深基坑、地下暗挖工程、高大模板工程等，必须编制专项施工方案，并附具安全验算结果，经施工单位技术负责人、总监理工程师签字后，还应当组织专家进行论证审查，经审查同意后，方可组织施工。

（12）消防安全责任制度

施工单位要确定消防安全责任人，制定用火、用电、使用易燃易爆材料等各项消防安全管理制度，施工现场设置消防通道和消防水源，配备消防设施和灭火器材，并在施工现场入口处设置明显标志。

（13）起重机械和设备验收登记制度

施工单位在使用施工起重机械和整体提升脚手架、模板等自升式架设设施前，应当组织有关单位进行验收，也可以委托具有相应资质的检验检测机构验收。

《特种设备安全检查条例》（国务院令第 373 号）规定的工程施工起重机械，在验收前应当经由具有相应资质的检验检测机构检查检验合格。

（14）三类人员考核任职制度

施工单位的主要负责人、项目负责人和专职安全生产管理人员即为三类人员。三类人员在施工安全方面的知识水平和管理能力直接关系本施工单位、本项目的安全生产管理水平。

（15）安全事故应急救援制度

施工单位应当制定本单位生产安全事故应急救援预案，建立应急救援组织或者配备应急救援人员，配备必要的应急救援器材、设备，并定期组织演练。同时，施工单位应制定施工现场生产安全事故应急救援预案，并根据建筑工程施工的特点、范围，对施工现场易发生重大事故的部位、环节进行监控。

（16）安全生产资金保障制度

安全生产资金是指建设单位在编制建设工程概算时，为保障安全施工预留的资金，建设单位根据工程项目的特点和实际需要，在工程概算中要专项预留安全生产资金，并全部、及时地将该笔资金划给施工单位。

4.2　建筑工程施工安全控制

建筑工程施工安全控制是指工程项目经理对施工项目安全生产进行计划、组织、指挥、协调和监控的一系列活动，使工程建设中没有危险，不出事故，不造成人员伤亡和财产损失。因此，施工安全不但包括施工人员和施工管（监）理人员的人身安全，也包括财产（机械设备、物资等）的安全。实施工程安全控制是项目施工中的一项重要工作，在建筑工程安全控制中要贯彻"安全第一、预防为主"的方针。

4.2.1　建筑工程施工安全控制概述

1. 建筑工程施工安全生产的特点

（1）作业环境局限性

建筑产品位于一个固定的位置，导致必须在有限的场地和空间上集中大量的人力、物资、机具来进行交叉作业，由此导致作业环境的局限性，因而容易产生物体打击等伤亡事故。

（2）作业条件恶劣性

建筑施工大多是在露天空旷的场地上完成的，导致工作环境相当艰苦，容易发生伤亡事故。

（3）施工作业高空性

由于建筑产品体积的庞大，操作工人大多在十几米甚至几百米以上进行高处作业，因而容易产生高处坠落的伤亡事故。

（4）个体劳动保护艰巨性

在恶劣的施工作业环境下，施工工人的手工操作多，体力消耗大，劳动时间和劳动强度都比其他行业大，其职业危害严重，带来了个人劳动保护的艰巨性。

（5）安全技术措施和安全管理措施的保证性

建筑产品多样而且施工生产工艺复杂多变，如一栋建筑物从基础、主体至竣工验收，各道施工工序均有其不同的特性，不安全因素各不相同。同时，随着工程建设进度，施工现场的不安全因素也在随时变化，要求施工单位必须针对工程进度和施工现场实际情况不断地、及时地采取安全技术措施和安全管理措施予以保证。

（6）多工种立体交叉性

近年来，建筑由低向高发展，施工现场却由宽到窄发展，致使施工场地与施工条件要求的矛盾日益突出，多工种交叉作业增加，导致机械伤害、物体打击事故增多。

（7）拆除工程潜在危险带来作业的不安全性

随着旧城改建，拆除工程数量加大，其潜在危险表现在：原建（构）筑物施工图纸很难找到；不断加层或改变结构，使原来力学体系受到破坏，带来作业的不安全性，容易导致拆除工程倒塌事故的发生。

施工安全生产的上述特点，决定了施工生产的安全隐患多存在于高处作业、交叉作业、垂直运输、个体劳动保护以及使用电气工具上，伤亡事故也多发生在高处坠落、物体打击、机械伤害、起重伤害、触电、坍塌及拆除工程倒塌等方面。2010年全国建筑安全事故统计表见表4-3。随着超高层、新、奇、个性化的建筑产品的出现，给建筑施工带来了新的挑战，也给建筑工程安全管理和安全防护技术提出了新的要求。

2010年全国建筑安全事故统计表（一次死亡1人及以上） 表4-3

事故类别	高空坠落	坍塌事故	物体打击	起重伤害	触电
事故起数	86	69	26	24	14
事故类别	机具伤害	触电	火灾爆炸	中毒	其他
事故起数	14	14	4	4	5

2. 建筑工程施工项目中的不安全因素和安全控制的难点

（1）施工项目中常见的不安全因素

1）高处施工的不安全因素

高空作业四面临空，条件差，危险因素多，高空坠落事故特别多，其主要不安全因素见图4-3。

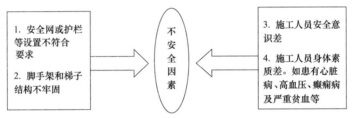

图4-3 高处施工中的不安全因素

2）使用起重设备的不安全因素

起重设备，如塔式、门式起重机等，其工作特点是：塔身较高，行走、起吊、回转等作业可同时进行。这类起重机较突出的大事故发生在"倒塔"、"折臂"和拆装时，发生这类事故的主要原因如图4-4。

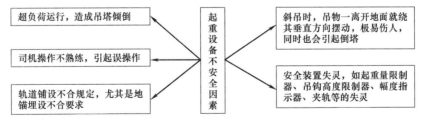

图4-4 起重设备不安全因素

3）施工用电的不安全因素

电气事故的预兆性不直观、不明显，而事故的危害很大，使用电气设备引起触电事故的主要原因有：

① 违章在高压线下施工，而未采取其他安全措施，以至钢管脚手架、钢筋等碰上高压线而触电。

② 供电线路铺设不符合安装规程。如架设得太低，导线绝缘损坏或采用不合格的导线或绝缘体等。

③ 维护检修违章。移动或修理电气设备时不预先切断电源，用湿手接触开关、插头，使用不合格的电气安全用具等。

④ 用电设备损坏或不合格，使带电部分外露。

4）爆破施工中的不安全因素

无论是露天爆破、地下爆破，还是水下爆破，都发生过许多安全事故，其主要原因见图 4-5。

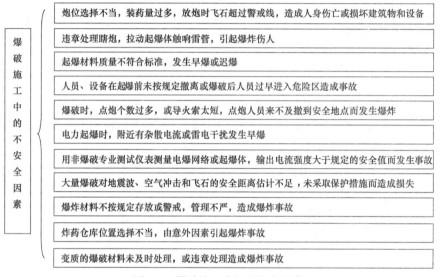

图 4-5　爆破施工中的不安全因素

5）土方工程施工中的不安全因素

土方工程施工中最易发生的安全事故是塌方造成的伤亡事故。施工中引起塌方的原因主要有：

① 边坡修得太小或在堆放泥土施工中，大型机械离沟坑边太近，增大土体的滑动力。

② 排水系统设计不合理或失效，土体抗滑力减小，滑动力增大，易引起塌方。

（2）施工项目安全控制的特点

1）施工项目安全控制难点多。由于施工受自然环境的影响大，高处作业和地下作业多，大型机械多，用电作业多，易燃物多，因此事故引发点就多，控制难度就越大；

2）工程安全控制的劳保责任重。建筑施工是劳动密集型操作，手工作业多，人员数量大，交叉作业多，作业的危险性大，因此要为劳动保护创造更有利的安全条件；

3）建筑工程项目施工安全控制是企业安全控制的一个子系统；

4）工程项目施工现场是安全控制的重点。施工现场人员集中、物资集中，事故一般都发生在现场。

3. 安全控制的基本原则

进行有效的安全控制，首先必须要坚持科学的安全控制的原则，主要有：

（1）必须坚持"安全第一，预防为主"的原则

建筑工程施工安全生产关系到人民群众生命和财产的安全。在工程建设中自始至终把"安全第一"作为对建设工程施工安全控制的基本原则。

工程施工安全控制应该是积极主动的，应事先对影响施工安全的各种因素加以控制，而不是消极被动地等出现安全问题再进行处理，造成不必要的损失。因此，要重点做好施工的事先控制，以预防为主，加强施工前和施工过程中的安全检查和安全控制。

（2）坚持以人为核心的原则

工程建设中的决策者、组织者、管理者和操作者及工程建设中各单位、各部门、各岗位人员的工作质量水平和完善程度，都直接或间接地影响工程施工安全。因此，在工程施工安全控制中，要以人为核心，重点控制人的素质和个人的行为，充分发挥人的积极性和创造性，以人的工作质量保证工程施工安全。

（3）坚持系统控制的原则

系统控制的原则就是实现施工安全控制、进度控制、质量控制和投资控制四大目标控制的统一。在进行建筑工程的进度控制、质量控制和投资控制的同时，必须保证工程施工的安全控制，它是针对整个工程建设目标系统所实施的控制活动的一个组成部分。因此，在建筑工程施工安全控制的过程中，要协调好其与进度控制、质量控制、投资控制的关系，做好四大目标的有机配合和相互平衡，不能片面强调施工安全控制。

（4）坚持全过程控制的原则

任何工程项目都是由若干分项、分部工程组成的，而每一个分项、分部工程又是通过一道道工序来完成的，由此可见，工程施工安全是在工序中创造的，对每一道工序施工安全都必须进行严格检查。

（5）坚持动态控制的原则

建筑工程施工安全生产涉及工程从开工到竣工验收交付的全部生产过程，涉及全部的生产时间，涉及施工生产活动方方面面，涉及一切变化着的生产因素，因此工程施工安全控制必须坚持动态控制的原则。

（6）坚持全方位控制的原则

全方位控制，包括对建筑工程所有内容的施工安全进行控制，对工程施工安全目标的所有内容进行控制，对影响建筑工程施工安全目标的所有因素进行控制，如人、物、环境和管理等。在建设工程施工过程中，项目经理部应根据施工中人的不安全行为、物的不安全状态、作业环境的不安全因素和管理缺陷进行全方位的安全控制。

（7）坚持持续改进的原则

建筑工程施工安全生产是一种不断变化的、动态的生产活动。建筑工程施工安全控制就意味着控制是不断变化的，用以来适应变化的生产活动，消除新的危险因素，更重要的是不间断地摸索新规律，总结控制的办法与经验，持续改进，从而不断提高安全控制水平。

4. 建筑工程施工安全控制的内容

进行有效的安全控制，除需要坚持科学的安全控制原则之外，还需要明确安全控制的内容，然后才能按照安全控制的各个环节分别采取不同的措施进行有效控制。一般来讲，

安全控制的内容如图 4-6 所示，具体内容包括：

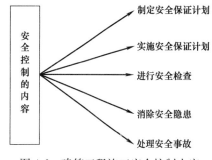

图 4-6　建筑工程施工安全控制内容

（1）制定安全保证计划

安全保证计划是项目经理部生产计划的重要组成部分，它的重要作用体现在规划安全生产目标、确定过程控制要求、制定安全技术措施、配置必要的资源及确保安全保证目标的实现等。所以，在项目开工前，应由项目经理主持编制项目安全保证计划并批准后付诸实施，特别是对于一些专业性较强的施工项目，应编制专项安全施工组织设计并采取安全技术措施。

1）安全保证计划内容

项目安全保证计划一般应包括如下内容：工程概况、控制程序、控制目标、组织结构、职责权限、规章制度、资源配置、安全技术措施、检查评价及奖惩制度等。

2）安全保证计划中的技术措施

安全技术措施是为防止工伤事故和职业病的危害，从技术上采取的措施。在工程施工中，是指针对工程特点、环境条件、劳动力组织、作业方法、施工机械、供电设施等制定的确保安全施工的措施。

① 对结构复杂、施工难度大、专业性强的项目，除制定项目安全技术总体安全保证计划外，还必须编制单位工程或分部分项工程的安全施工措施。

② 对高空作业、脚手架上作业、有害有毒作业、特种机械作业、电气、压力容器及金属焊接等作业，应编制单项安全技术方案和措施，并应对管理人员和操作人员的安全作业资格和身体状况进行合格审查。

③ 安全技术措施应包括：防火、防毒、防爆、防触电、防坍塌、防物体打击。

（2）实施安全保证计划

安全保证计划的实施主要应通过项目经理部建立完善的安全生产责任制、安全培训教育及安全技术交底等措施，将安全管理目标分解到岗，落实到人，交底清楚，做到警钟长鸣。

（3）进行安全检查和消除安全隐患

项目经理应组织项目经理部定期进行安全检查和消除安全隐患，安全检查可采取随机抽样、现场观察和实地检测相结合的方法进行，配之以必要的检查设备或器具。一般来讲，安全检查的内容应包括：安全生产责任制、安全保证计划、安全组织机构、安全保证措施、安全技术交底、安全教育、安全持证上岗、安全设施、安全标识、操作行为、违规管理以及安全记录等。安全检查的重点应是违章指挥和违章作业。

（4）及时处理安全事故

安全事故是人们在进行有目的的活动过程中，发生了违背人们意愿的不幸事件，使其有目的的行动暂时或永久停止。

重大安全事故是指在施工过程中由于责任过失造成工程倒塌或废弃，机械设备破坏和安全设施失当造成人身伤亡或者重大经济损失的事故。

安全事故的处理必须坚持以下原则：

1）事故原因不清楚不放过；

2）事故责任者和员工没有受到教育不放过；

3）事故责任者没有处理不放过；

4）没有制定防范措施不放过。

安全事故的处理应按以下程序进行，如图 4-7：

图 4-7　安全事故处理程序

5. 建筑工程施工安全控制的程序

建筑工程施工安全控制实施应遵循下列程序：

（1）确定安全目标；

（2）编制工程项目安全生产保证计划；

（3）工程项目安全生产保证计划实施；

（4）工程项目安全生产保证计划验证；

（5）持续改进；

（6）兑现合同承诺。

建筑工程施工安全控制程序，如图 4-8 所示。

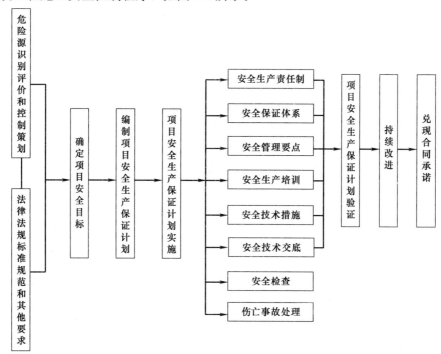

图 4-8　建筑工程施工安全控制程序图

6. 建筑工程施工安全控制的特殊问题

施工安全控制的第一个特殊问题是建设工程施工安全生产实行三重控制。

由于建筑工程施工安全生产的特殊性，需要对其从三个方面加以控制：1）政府对建筑工程施工安全生产的监督管理；2）工程监理单位的安全监理；3）实施者自身的施工安全控制。

对建筑工程安全生产，加强政府的建筑工程安全生产监督管理和工程监理单位的安全监理是非常必要的，但绝不能因此而淡化或弱化实施者自身的施工安全控制。

施工安全控制的第二个特殊问题是建筑工程施工安全隐患和安全事故处理。

建筑工程施工安全隐患在建筑工程实施过程中具有多发性特点；施工安全隐患若不及时纠正、整改、处理，将导致安全事故发生。

7. 建筑工程施工安全控制意义

（1）安全控制的重要性

建筑工程的特点是现场环境多变，劳动条件差，危险作业较多（如桥墩高空作业、隧道开挖等）。要使施工项目顺利进行，必须注意安全施工，没有安全施工就没有进度和质量。工程施工安全控制，就是指在施工生产过程中，为了防止和消除人身伤害和机械设备损坏，针对产生安全事故的各种原因，所采取的技术和管理措施。

多年来，施工过程中发生的伤亡事故，除由设计错误、偷工减料等造成之外，多数是由于施工过程中安全控制不善造成的。事故发生总是给家庭和社会造成无法挽回的损失，特别是重大伤亡事故所造成的影响，往往给工人心灵上造成伤害、士气低沉，相当长时间难以消除，因而劳动生产率下降，进度受到影响，特别恶性的甚至会迫使工程中断，给建设单位与施工企业带来巨大的经济损失。安全问题关系到每个劳动者的生命，对待人的问题绝不能等闲视之，故在施工中进行安全控制是头等重要的事。

（2）安全控制的要求

建筑施工项目具有一次性的特点，项目的种类很多，很难制定出统一的措施进行安全控制。它必须根据具体项目的性质、施工的条件和工人的素质来制定安全控制措施。总的要求以预防为主、超前控制，根据国家或部门制定的安全操作规程和严格的劳动保护法规来制定适合于本项目的安全计划，自始至终地严格、认真地贯彻执行，杜绝严重事故的发生，把一般事故限制在最低范围内，保证人身和机械设备的安全和项目施工的顺利完成。

4.2.2　建筑工程施工安全控制的系统过程和依据

1. 建筑工程施工安全控制的系统过程

建筑工程安全控制是一个由对投入的资源和条件的安全控制，进而对施工生产全过程及各环节安全生产进行系统控制的过程（见图 4-9）。按建筑工程形成过程的时间阶段划分，建筑工程施工安全控制可以分为施工准备阶段安全控制和施工过程安全控制，将在4.3 和 4.4 中详细说明。

2. 建筑工程施工安全控制的依据

（1）国家和地方有关建筑工程安全生产的法律法规性文件

由国家及建设主管部门所颁发的有关建筑工程安全生产管理方面的法规性文件有《中华人民共和国建筑法》、《中华人民共和国安全生产法》、《建设工程安全生产管理条例》、《建筑施工企业安全生产许可证管理规定》、《建筑安全生产监督管理规定》、《建设工程施工现场管理规定》。这些文件都是建设行业安全生产管理方面所应遵循的基本法规文件。

此外，其他各行业如交通、铁路、水利等的政府主管部门和省、市、自治区的有关主管部门，也均根据本行业及地方的特点，制定和颁发了有关的法规性文件。

（2）有关建筑工程安全生产的专门技术法规性文件

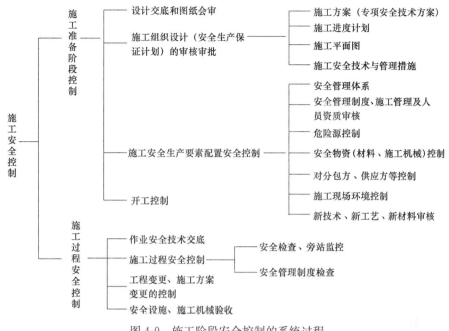

图 4-9　施工阶段安全控制的系统过程

这类文件一般是针对不同行业、不同的施工对象而制定的技术法规性文件，包括各种有关的标准、规范、规程和规定。

概括来说，属于工程施工机械、设备及安全防护设施等安全要求的专门技术性依据主要有以下几类：

1）建筑工程项目施工安全检查标准。这类标准主要是由国家或行业部门制定的，用以作为检查和验收工程项目施工安全生产水平所依据的技术法规性文件。例如《建筑施工安全检查标准》（JGJ 59—99）。

2）控制施工作业活动安全的技术规程

例如《施工现场临时用电安全技术规范》（JGJ 46—88），《建筑机械使用安全技术规程》（JGJ 33—2001），《建筑施工扣件式钢管脚手架安全技术规范》（JGJ 130—2001）等，它们是为了保证施工作业活动安全在作业过程中应遵循执行的技术规程。

3）凡采用新工艺、新技术、新材料的工程，应事先进行试验，并应有权威技术部门的技术鉴定书及有关安全数据、指标，在此基础上制定有关安全标准和施工工艺规程，以此作为判断与控制安全的依据。

（3）建筑工程合同文件

建筑工程施工承包合同文件规定了建设单位、施工单位等在施工安全管理和控制方面的权利和义务，有关各方必须履行合同中的承诺。要熟悉这些条款，据以进行施工安全管理和控制。

（4）设计文件交底和图纸会审

经过批准的设计图纸和技术说明书等设计文件，是施工安全控制的重要依据。通过参加由建设单位组织，设计单位、施工单位等参加的设计交底及图纸会审，以达到了解设计意图和施工安全要求，发现图纸差错和减少安全隐患的目的。

4.3　施工准备阶段的安全控制

施工准备阶段的安全控制是指各工程对象正式施工活动开始前，对各项准备工作及影响施工安全生产的各因素进行控制，这是确保建筑工程施工安全的先决条件。施工准备阶段的安全控制是正式施工前进行的安全控制，其内容包括：施工组织计划的审核审批，现场施工准备的安全控制，施工安全管理制度的控制，对分包单位、供应单位的安全控制。

4.3.1　施工组织计划的审核审批

1. 安全生产保证计划和施工组织设计的区别

安全生产保证计划是安全策划结果的一项管理文件，依据安全策划的结果和施工现场安全管理及控制的要求，规定项目经理部的安全目标、控制措施、资源和活动顺序的文件，用以描述工程项目施工现场安全生产管理和控制的各个要素及相互作用，以文件形式使施工现场安全生产管理和控制内容得到充分展示，是规范项目经理部安全管理和控制活动的指导性文件和具体行动计划。

施工组织设计是承包单位进行施工的依据，包括施工方法、工序流程、进度安排、施工管理及安全对策、环保对策等。在我国现行的施工管理中，施工承包单位要针对每一特定工程项目进行施工组织设计，以此作为施工准备和施工全过程的指导性文件。为确保建设工程施工安全，施工单位在施工组织设计中加入了安全目标、安全管理及安全保证措施等安全生产保证计划的内容。

安全生产保证计划与现行施工管理中的施工组织设计有相同的地方，也存在着差别，见表 4-4。

安全生产保证计划与施工组织计划的比较　　　　　　　　　　　表 4-4

对象	不 同 点			相同点
	编制原理	内容侧重点	施工期间作用	
安全生产保证计划	以安全管理为基础，对影响工程施工安全的各环节进行控制	内容按其功能包括：安全目标、组织结构、控制程序、控制目标、安全措施、检查评价等	施工期间其作用是向建设单位做出安全生产保证，指导建设工程项目的施工安全管理和控制	1. 对象相同，都是针对某一特定工程项目而提出的 2. 形式相同，均为文件形式 3. 投标时作用相同，都是对施工单位作出建筑工程项目安全管理的承诺
施工组织计划	从施工部署的角度，着重于技术安全形成规律来编制全面施工管理的计划文件	侧重于安全控制的手段和方法并结合工程特点进行具体而灵活的运用	仅供承包单位内部使用，用于具体指导建设工程项目的施工	

2. 施工组织设计（专项施工方案）的审查

施工组织设计已包含了施工安全生产保证计划的主要内容，因此，对施工组织设计的审批也同时包括了对安全生产保证计划的审批，见图 4-10。

经过批准的施工组织设计（专项施工方案），不准随意变更修改，确因客观原因需修改时，应按原审核、审批的分工与程序办理。

3. 施工组织设计审核审批时应掌握的原则

（1）施工组织设计的编制、审核和审批应符合规定的程序；

（2）施工组织设计应符合国家的技术政策，充分考虑承包合同规定的条件、施工现场

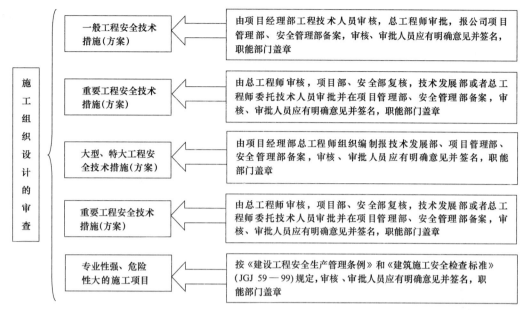

图 4-10 施工组织设计审核审批程序

条件及法规条件的要求，突出"安全第一，预防为主"的原则；

（3）充分掌握本施工工程的特点及难点，对施工条件进行分析，使施工组织设计体现其针对性；

（4）应考虑施工组织设计是否能执行并保证施工安全、实现安全目标，是否切实可行，施工组织设计是否具有可靠操作性；

（5）施工组织设计采用的安全技术方案和措施是否先进适用，技术是否成熟；

（6）安全管理体系、安全保证措施是否健全且切实可行；

（7）环保、消防和文明施工措施是否切实可行并符合有关规定。

4. 施工组织设计审核审批时应掌握的原则

（1）专项施工方案的内容应符合规定

专项施工方案应力求细致、全面、具体，并根据需要进行必要的设计计算，对所引用的计算方法和数据，必须注明其来源和依据。所选用的力学模型，必须与实际构造或实际情况相符。为了便于实施，方案中除应有详尽的文字说明外，还应有必要的构造详图。图示应清晰明了，标注齐全。

（2）施工方案与施工进度计划一致

施工进度计划的编制应以确定的施工方案为依据，正确体现施工的总体部署、流向顺序及工艺关系等。

（3）施工方案与施工平面图布置协调一致

施工平面图的静态布置内容，如临时供水、供热、供气管道、施工道路、临时办公室房屋及物资仓库等，以及动态布置内容，如施工材料模板、工具器具应做到布置有序，有利于各阶段施工方案的实施。

4.3.2 现场施工准备的安全控制

建筑工程现场施工准备的安全控制包括施工现场环境控制、施工平面布置控制、开工控制等方面，见图 4-11。

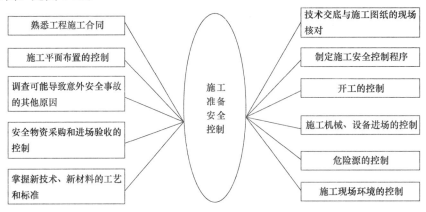

图 4-11　现场施工准备安全控制的内容

1. 熟悉工程施工合同

施工单位项目负责人应组织项目技术、管理人员在工程建设施工前对施工合同文件进行全面的熟悉，发挥合同管理作用。

2. 施工平面布置的控制

建筑工程项目部经理在进行施工平面图设计时，应将工程安全、防火、防爆及防污染等因素考虑在内，并进行合理区分、定位。

3. 调查可能导致意外安全事故的其他原因

在建筑工程开始施工前，应对施工现场的环境、人为障碍等不利因素进行调查，以便掌握不利因素的有关资料，及早提出防范措施。不利因素包括图纸未标示出的地下结构、地下管线及施工现场毗邻区域的建筑物、构造物、地下管线等，以及建设单位需解决的用地范围内地表以上的电线、电杆、房屋及其他影响安全施工的构筑物。项目经理部应对施工现场及毗邻区域的建筑物、构造物和地下管线等采取专项防护措施。

4. 安全物资采购和进场验收的控制

安全生产设施条件的安全状况，很大程度上取决于所使用的材料、设备和防护用品等安全物资的质量。

项目经理部应通过供货合同约定安全物资的产品质量和验收要求。供货合同签订前，应按规定程序进行审核审批，具体条款包括：规格、型号、等级及品名；生产制造规程和标准；验收准则和方法。

项目经理部应对进场安全物资进行验收，并形成记录，对未验收或验收不合格的安全物资应做好标识并清退出场。

5. 掌握新技术、新材料的工艺和标准

施工中采用的新技术、新材料，应有相应的技术标准和使用规范。安全管理人员根据工作中的需要与可能，对新材料、新技术的应用进行必要的走访和调查，以防止施工中存在的安全事故隐患，并作出相应对策。

6. 技术交底与施工图纸的现场核对

在建筑施工阶段，设计文件是工程施工生产工作的依据。因此施工单位应认真参加由建设单位主持的设计交底工作，以透彻地了解设计原则及安全、质量要求，参加设计交底应着重了解的内容见图 4-12。

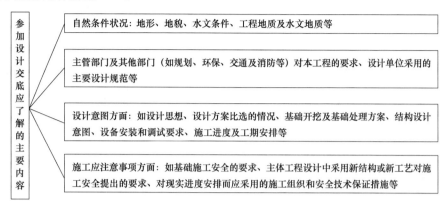

图 4-12 参加设计交底应了解的主要内容

施工图纸是工程施工的直接依据，为了充分了解工程特点、设计要求，减少图纸的差错，确保工程施工安全，减少工程变更，预防安全事故发生，施工承包单位应做好施工图纸的现场核对工作，对于审图过程中发现的问题，应及时以书面形式报告监理单位。

施工图纸现场核对的主要内容见图 4-13。

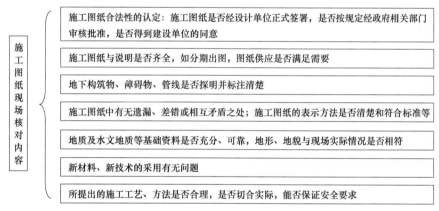

图 4-13 施工图纸现场核对内容

7. 制定施工安全控制程序

安全管理人员在对工程施工安全进行控制时，要严格按照工程施工工艺流程制定一套相应的安全控制程序，对不同结构的施工工序制定出相应的检查、验收方法。在建筑工程施工过程中，安全管理人员应对工程项目做详尽的记录并填写表格。

8. 开工的控制

项目经理应对施工现场开工前的各项施工准备工作进行审核，确保人员、施工机械设备、安全物资、场地、水电供应、施工通道及安全管理措施等处于良好正常状态，签署《工程开工/复工报审表》，并报监理单位审批。

9. 施工机械、设备进场的控制

（1）在对施工机械设备进行选择时，除应考虑施工机械的技术性能、工作效率、安全、质量、可靠性及维修难易等方面对施工安全影响与保证外，还应考虑其数量对施工安全的影响与保证条件。此外，还要注意设备类型与施工对象的特点及施工安全要求相适应。在选择机械性能参数方面，也要与施工对象特点及安全要求相适应。例如，选择起重机械进行吊装施工时，其起重量、起重高度及起重半径均应满足吊装安全要求。

（2）审核施工机械设备的数量是否足够。

（3）审核所需的施工机械设备，是否按已批准的计划备妥；所准备的机械设备是否与施工组织设计或安全计划中所列者相一致；所准备的施工机械设备是否都处于完好的可用状态等。对于与批准的计划中所列机械施工不一致，或机械设备的类型、规格、性能不能保证施工安全的，以及维护修理不能保证良好的可用状态的，不准使用。

10. 危险源的控制

（1）应进行危险源识别、评价、控制等工作，并建立档案。可能导致死亡、伤害、职业病、财产损失、工作环境破坏或上述情况的组合所形成的根源或状态即为危险源。

项目经理部应根据本企业的施工特点，依据建设工程项目的类型、特征、规模及自身管理水平等情况，识别出危险源，列出清单，并对危险源进行一一评价，将其中导致事故发生的可能性较大，且事故发生会造成严重后果的危险源定义为重大危险源，如可能出现高处坠落、物体打击、坍塌、触电、中毒以及其他群体伤害事故的状态。同时，应建立管理档案，其内容包括危险源识别、评价结果和清单。对重大危险源可能出现伤害的范围、性质和时效性，制定消除和控制的措施，且纳入安全管理制度、员工安全教育培训、安全操作规程或安全技术措施中。

随着承包工程性质的改变和管理水平的变化，会引起重大危险源的数量和内容的变化，因此，应对重大危险源的识别及时更新。

（2）应对重大危险源制定应急救援预案。

对可能出现高处坠落、物体打击、坍塌、触电、中毒以及其他群体伤害事故的重大危险源和重大环境因素，应制订应急救援预案。

应急救援预案的编制应具有较强的针对性和实用性，力求细致全面，操作简单易行，其内容必须包括：有针对性的安全技术措施，监控措施，检测方法，应急人员的组织，应急材料、器具、设备的配备等。

项目经理部应按企业内部应急救援预案的要求，编制符合工程项目特点的、具体的、细化的应急救援预案，指导施工现场的具体操作，并且施工应急救援预案应上报企业审批。

11. 施工现场环境的控制

施工现场环境的控制主要包括对施工作业环境、安全管理环境和现场自然环境因素的控制三个方面，见表 4-5。

施工现场环境控制的具体内容 表 4-5

控制对象	具 体 内 容
施工作业环境控制	施工作业环境条件主要是指水、电或动力供应、施工照明、安全防护设备、施工场地空间条件和通道、交通运输和道路条件等
安全管理环境控制	施工安全管理环境，主要是指施工单位的安全管理体系和安全自检系统是否处于良好的状态；安全管理制度、安全管理机构和人员配备等方面是否完善和明确；安全责任制是否落实
自然环境因素控制	现场自然环境因素主要是指未来的施工期间，可能出现对施工作业安全产生不利影响的自然环境，如严寒季节的冰冻、夏季的高温等

4.3.3 施工安全管理制度的控制

1. 安全目标管理

安全目标管理是建设工程施工安全管理的重要措施之一，为了使现场安全管理实行目标管理，要制定总的安全目标（如伤亡事故控制目标、安全达标、文明施工目标），以便于制定年、月达标计划。把目标分解到人，责任落实，考核到人，推行安全生产目标管理能进一步优化企业安全生产责任制，强化安全生产管理，体现"安全生产，人人有责"的原则，使安全生产工作实现全员管理，有利于提高企业全体员工的安全素质。

（1）安全管理目标的主要内容

安全管理目标的主要内容包括伤亡事故控制目标、安全达标目标、文明施工目标等，见图 4-14。

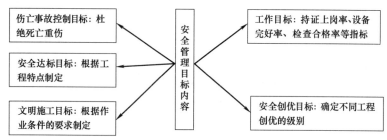

图 4-14　安全管理目标的主要内容

（2）安全管理目标责任分解

将项目经理部的安全管理目标责任按专业管理层层分解到人，安全责任落实到人，确保安全管理的实现。

（3）安全目标责任考核

安全目标责任考核办法要结合项目的实际情况及安全管理目标的具体内容制定，按月进行条款分解，按月进行考核，制定详细的奖惩办法。

按项目安全目标责任考核办法文件规定，结合项目安全管理目标责任分解，以评分表的形式按责任分解进行打分，奖惩和经济收入挂钩，及时兑现。

安全目标管理的控制内容有：

1）检查是否已建立安全目标管理制，内容是否明确，其目标值是否可量化；

2）检查是否有效落实安全管理目标责任分解；

3）检查是否建立安全目标责任考核办法和落实安全目标责任考核。

2. 安全教育培训

通过安全教育培训提高企业各层次从业人员搞好安全生产的责任感和自觉性，增强安全意识；掌握安全生产科学知识，不断提高安全管理业务水平和安全操作技术水平；增强安全防护能力，减少伤亡事故的发生。

安全教育培训制度应明确各层次各类从业人员教育培训的类型、对象、时间和内容，对安全教育培训的计划编制、实施和记录、证书的管理要求、职责权限和工作程序作出具体规定，形成文件并组织实施。

安全教育培训的主要内容包括：安全生产思想、安全知识、安全技能、安全规程标准、安全法规、劳动保护和典型事例分析。施工各相关作业人员的安全培训内容见表 4-6。

施工各相关作业人员的安全培训内容　　　　　　　　　　　　　　表 4-6

培训对象	安全教育培训内容
项目经理部	学习安全生产及环保、劳动保护法律、法规制度和安全纪律,讲解安全事故案例
作业队	了解所承担施工任务的特点,学习施工安全及环保、劳动保护基本知识、安全生产制度及相关工种的安全技术操作规程;学习机械设备和电器使用、高处作业等安全基本知识;学习防火、防毒、防爆、防洪、防尘、防雷击、防触电、防高空坠落、防物体打击、防坍塌及防机械伤害等知识及紧急安全救护知识;了解安全防护用品发放标准,防护用具、用品使用基本知识
班组	了解安全和环保、劳动保护知识;了解本班组作业特点,学习安全操作规程、安全生产制度及纪律;学习正确使用安全防护装置(设施)及个人劳动防护用品知识;了解本班组作业中的不安全因素及防范对策、作业环境及所使用的机具安全要求

3. 生产安全事故报告制度

生产安全事故报告制度是安全管理的一项重要内容,其目的是防止事故扩大,减少与之有关的伤害和损失,吸取教训,防止同类事故的再次发生。生产安全事故报告制度应对意外伤害保险的办理、生产安全事故的报告、应急救援和处理的管理要求、职责权限和工作程序作出具体规定,形成文件并实施。

对生产安全事故报告制度的控制内容如图 4-15。

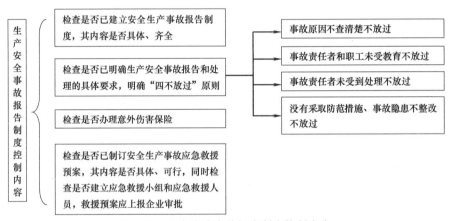

图 4-15　生产安全事故报告制度控制内容

企业和工程项目经理部均应编制事故应急救援预案,企业应根据承包工程的类型、共性特征,规定企业内部具有通用性和指导性的事故应急救援的各项基本要求;工程项目经理部应按企业内部事故应急救援的要求,编制符合工程项目特点的、具体的、细化的事故应急救援预案,指导施工现场的具体操作。

4. 安全技术管理

为了保证建设工程施工安全,工程项目必须在编制施工组织设计(方案)时,针对危险源、环境因素,编制安全技术措施或专项安全技术方案。

安全技术措施是指为防止工伤事故和职业病的危害,从技术上采取的措施。在工程施工中,是指针对工程特点、环境条件、劳力组织、作业方法、施工机械、供电设施等制定的确保安全施工的措施。安全技术措施也是建筑工程项目管理实施规划或施工组织设计的重要组成部分。

(1) 编制依据

建筑工程施工组织设计或施工方案中必须有针对性的安全技术措施，特殊和危险性大的工程必须编制专项施工方案或安全技术措施。其编制依据有：

① 国家和地方有关安全生产的法律、法规和有关规定；

② 建筑工程安全生产的法律、法规和标准规程；

③ 安全技术标准、规范、规程；

④ 企业的安全管理规章制度。

编制安全技术措施和专项施工方案应熟悉安全技术规定或资料，包括：建筑安装工程安全技术操作规程、规范、标准；工地一般安全要求；施工现场的安全规定；土方工程的安全措施规定；基坑支护的安全措施规定和降水要求；模板工程的安全规定；脚手架施工安全规定；起重吊装的安全规定；设备安装的安全规定；防护用品的安全规定；各类施工机械使用的安全要求；施工现场的安全防护；高处作业的安全防护；临边洞口的安全防护；架子工程的安全防护；吊篮工程的安全防护；井字架、龙门架、外用电梯的安全防护；拆除工程的安全规定等。

（2）编制的要求

安全技术措施编制要求见表4-7。

安全技术措施的编制要求　　　　表4-7

编制要求	具 体 内 容
及时性	安全技术措施在施工前必须编制好，并且经过审核审批后正式下达项目经理部以指导施工
	在施工过程中，发生工程变更时，安全技术措施必须及时变更或做补充，否则不能施工；施工条件发生变化时，必须变更安全技术措施内容，并及时经原编制、审批人员办理变更手续，否则不得擅自变更
针对性	针对施工项目的结构特点，凡在施工生产中可能出现的危险因素，必须从技术上采取措施，消除危险，保证施工安全
	针对不同的施工方法和施工工艺制定相应的安全技术措施，并且技术措施要有设计、安全验算结果、详图、文字说明等
	针对使用的各种机械设备、用电设备可能给施工人员带来的危险因素，从安全保险装置、限位装置等方面采取安全技术措施
	针对施工中有毒、有害、易燃、易爆等作业可能给施工人员造成的危害，制定相应的防范措施
	针对施工现场及周围环境中可能给施工人员及周围居民带来危险的因素，以及材料、设备运输的困难和不安全因素，制定相应的安全技术措施
	针对季节性、气候施工的特点，编制施工安全措施，具体包括雨期施工安全措施、冬季施工安全措施、夏季施工安全措施等
可行性、具体性	安全技术措施及方案必须明确具体、可行，能具体指导施工，绝不能一般化和形式化
	安全技术措施及方案中必须有施工总平面图，在图中必须对危险的油库，易燃材料库，材料、构件的堆放位置等按照施工需要和安全堆积的要求明确定位，并提出具体要求
	安全技术措施及方案必须由项目经理部工程师或项目技术部负责人指定的技术人员进行编制
	安全技术措施及方案的编制人员必须掌握工程项目概况、施工方法、场地环境等第一手资料，并熟悉有关安全生产法规和标准，具有一定的专业水平和施工经验

（3）安全技术措施审批管理

1）一般工程安全技术措施（方案）由项目经理部工程技术人员审核，项目经理部总工程师审批，报公司项目管理部、安全管理部备案。

2）重要工程安全技术措施（方案）由项目经理部总工程师审核，公司项目管理部、安全管理部复核，由公司技术发展部或公司总工程师委托技术人员审批并在公司项目管理部、安全管理部备案。

3）大型、特大工程安全技术措施（方案）由项目经理部总工程师组织编制报公司技术发展部、项目管理部、安全管理部审核，按《建筑工程安全生产管理条例》规定，深基坑工程、高大模板工程、地下暗挖工程等专项施工方案必须组织专家进行论证审查，经审查同意，并经施工单位技术负责人、监理单位总监理工程师签字后方可实施。

此外，施工安全管理制度的控制还包括对安全生产责任制、安全管理机构和安全管理人员、设备安全管理制度、安全设施和防护装置、特种设备管理等的控制，在第一节中已有介绍，不再赘述。

4.3.4　对分包单位、供应单位的安全控制

1. 对分包单位的安全控制

（1）检查是否制定了对分包单位资格（资质和安全生产许可证）、人员资格及施工现场控制的要求和规定。为了防止分包单位超越资质范围，同时确保分包单位在施工过程中能服从总包管理，处于受控状态，施工企业应评价和选择分包单位资格（资质和安全生产许可证）和人员资格，对分包合同条款约定和履约过程控制的管理要求、职责权限和工作程序作出具体规定，形成文件并组织实施。

（2）检查是否对分包的资格进行了评价，建立合格分包单位的名录，并明确相应的分包工程范围，以及是否从中选择信誉、能力等符合要求的分包单位。

对分包单位的资格进行评价的内容见图 4-16。

（3）检查是否通过分包合同或安全生产管理协议明确规定了双方的安全责任、权利和管理要求，且分包合同签订前应按规定程序进行审核审批。

分包合同或安全生产管理协议，具体条款见图 4-17。

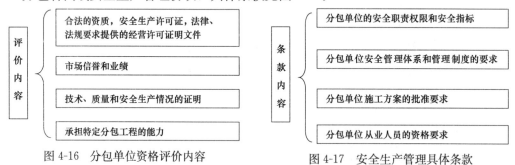

图 4-16　分包单位资格评价内容　　　图 4-17　安全生产管理具体条款

（4）检查是否制定对分包单位施工活动实施控制并形成记录的规定。

对分包单位施工活动实施控制的内容与方法包括：

1）审核审批分包单位的专项施工组织计划（方案）；

2）对安全物资、工具、设施、设备进行必要的验证；

3）对从业人员的资格和专（兼）职安全生产管理人员的配备进行审查确认，对分包单位管理人员进行安全技术交底，并督促检查分包单位对班组的安全教育和安全技术交底；

4）指导、监督、检查分包单位的施工过程并对其进行业绩评价，处理发现的问题，与分包单位及时沟通。

（5）检查分包单位是否落实专（兼）职安全管理人员的配备。

2. 对业主指定分包单位的安全控制

业主指定分包单位与工程项目经理部双方的权利和义务，应在工程总承包合同中予以明确规定，且项目经理部应按合同约定安排专人进行监控。

3. 对大型机械设备拆装单位的安全控制

（1）对拆装单位的资质、安全生产许可证和人员资格进行审查。《建设工程安全生产管理条例》和《建筑施工企业安全生产许可证管理规定》对施工起重机械设备安装、拆卸单位的资质和安全生产许可证控制有明确规定，项目经理部应当根据本地区的特点和建设行政主管部门的要求，加强对大型机械设备安装、拆卸单位及从业人员资质、安全生产许可证及资格的严格审查、确认无误后方可签约，严禁由不具备相应资质和安全生产许可证的单位及其相应资格的人员，从事施工起重机械设备的安装、拆卸工作。不得将施工起重机械的拆装过程分解给两个或两个以上的企业进行拆装；

（2）应具体规定施工起重机械设备拆装过程的控制内容要求；安装后检测、检验的控制内容及要求；

（3）确认对拆装专项施工方案的控制，施工企业将工程的施工起重机械设备安装或拆卸，发包给其他具有相应资质专业施工企业的，专业施工企业应依据工程特点和要求，自行编制施工起重机械设备安装、拆卸的专项施工方案及安全技术措施，经本企业技术负责人审批后，再报发包施工企业，依据发包企业的审批程序进行审查确认，由发包施工企业技术负责人批准后方可实施。

4. 对供应单位的安全控制

对供应单位的安全控制主要包括三个方面，见图 4-18。

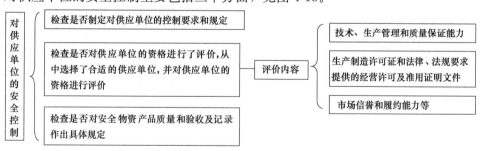

图 4-18 对供应单位安全控制的内容

项目经理部应通过供货合同约定安全物资的产品质量和验收条款及要求。供货合同签订前应按规定程序进行审核审批，供货合同约定条款包括：规格、型号、等级及品名；生产制造规程和标准、验收准则和方法。

验收方法包括：查验质量合格证明和质量检验报告；外观检查和规格检查；按规定抽样复试。项目经理部应对进场安全物资进行验收，并形成记录，未验收或验收不合格的安全物资应做好标识并清退出场。

4.3.5 施工准备阶段安全控制的方法

1. 审核技术文件、报告和报表

（1）施工组织设计（安全生产保证计划）或施工计划、专项施工方案、工程施工安全有可靠的技术措施保障；

（2）供应单位提交的检验、试验报告，以确保安全物资的质量，控制实施过程的安全；

（3）分包单位的安全生产许可证证明文件、资质证明文件等，控制分包单位的施工安全；

（4）对有关应用新技术、新工艺、新材料、新结构的技术的鉴定书进行审核，确保新技术等应用的安全。

针对施工过程中需控制的活动，制订或确认必要的施工组织设计、专项施工方案、安全程序、规章制度或作业指导书，并组织落实。这方面的工作一部分可在策划阶段予以考虑，在安全生产保证计划中明确制订或确定的有关方案，并在施工前编制或配置到位。通常对专业性较强、危险性大的部位或活动，如基坑支护、土方开挖工程、模板工程、起重吊装作业、脚手架工程、拆除与爆破工程、施工用电、物料提升机及其他垂直运输设备的安装与拆除等都需要专门编制专项施工方案。

对所制订或确定的方案和文件应明确责任部门或岗位，具体负责编制、审查、批准、组织交底、实施和检查管理等工作。

2. 实施工程合约化管理，签订安全生产合同或协议书

在不同承包模式下，制订相互监督执行的合约，可以使双方严格执行安全生产和劳动保护的法律、法规，强化安全生产管理，逐步落实安全生产责任制，依法从严治理施工现场，确保项目施工人员的安全与健康，促使施工生产的顺利进行。

总、分包按照合约的管理目标、用工制度、安全生产要求、现场文明施工及其人员行为的管理、争议的处理、合约生效与终止等方面的具体条件约束下认真履行双方的责任和义务，为工程项目安全管理的具体实施提供可靠的合约保障。

施工总承包单位在与分包单位签订分包合同时，必须有安全生产的具体指标和要求，同时要签订安全生产合同或协议书。

4.4　施工过程的安全控制

施工过程体现在一系列的现场施工作业管理活动中，作业和管理活动的效果将直接影响到施工过程的施工安全。因此，项目管理人员施工安全控制工作体现在对施工现场作业和管理活动的控制上。

施工过程安全控制是指在施工过程中对实际投入的生产要素及作业、管理活动的实施状态和结果进行控制，包括作业者发挥技术能力过程的自控行为和来自有关管理者的监控行为。

4.4.1　施工过程安全控制内容

为确保建设工程施工安全，项目管理人员要对施工过程进行全过程、全方位的控制，就整个施工过程而言，可按事前、事中及事后进行控制，就一个具体作业和管理活动而言，项目管理人员对施工安全的控制涉及事前、事中及事后。项目管理人员对施工安全的控制主要围绕影响工程施工安全的因素进行。

1. 对从业人员施工安全教育培训的控制

按照安全教育培训制度的要求，项目负责人应对施工中进入施工现场的自有和分包方从业人员进行安全教育培训。

项目经理部应落实安全教育培训制度的实施，定期检查考核实施情况及实际效果，保存教育培训实际记录、检查与考核记录等。

2. 安全技术交底的控制

安全技术交底是指导操作工人安全施工的技术措施，是建设工程项目安全技术方案或措施的具体落实，安全技术交底实现分级交底制度。

（1）安全技术交底的控制重点

安全技术交底的主要内容见图 4-19。

上岗前应以最清楚简洁的方式，如作业指导书、安全技术交底文本，对从业人员进行安全技术交底，双方签字认可。

作业安全技术交底的控制重点如下：

1）检查是否按安全技术交底的规定进行实施和落实。企业技术负责人应在重点施工工程、专项施工项目等开工前向参加施工的管理人员进行安全技术方案交底。

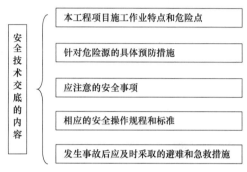

图 4-19 安全技术交底的内容

各分部分项工程、关键工序、专项施工方案实施前，项目技术负责人、安全员应会同项目施工人员将安全生产技术措施向参加施工的管理人员进行交底；总承包单位向分包单位，分包单位工程项目的安全技术人员向作业班组进行安全技术措施交底；安全员及各分项管理员向参加施工的施工管理人员进行交底。

2）检查是否按安全技术交底的手续规定进行实施和落实。除口头交底外，所有安全技术交底还必须有书面交底记录，交底双方应履行签名手续，交底双方各有一套书面交底。

3）检查是否针对不同工种、不同施工对象，或分阶段、分部、分项和分工种进行安全交底。

对不同工种、不同施工对象，或分阶段、分部、分项、分工种进行安全技术交底时，不准整个工程只交一次底，如混凝土浇捣、支模、拆模、钢筋绑扎等，必须实施分层次交底。

（2）安全技术交底的实施应符合的规定

1）项目经理部的技术负责人在单位工程开工前，必须将工程概况、施工方法、施工工艺、施工程序、安全技术措施，向承担施工的责任工长、作业队长、班组长和相关人员进行交底；

2）在结构复杂的分部分项工程施工前，项目经理部技术负责人应有针对性地进行全面、详细的安全技术交底；

3）项目经理部应保存双方签字确认的安全技术交底记录。

3. 对个体劳动防护用品使用的控制

项目部经理应按危险源和环境因素控制策划的结果和有关劳动防护用品发放标准规定

发放，向管理人员和操作人员提供合格的安全帽、安全带、护目镜等劳动防护用具和安全防护服装，严禁不符合劳动防护用品佩戴标准的人员进入作业场所。

4. 对施工现场危险部位安全警示标志的控制

对施工现场入口处、起重设备、临时用电设施、脚手架、出入通道口、楼梯口、电梯井口、孔洞口、桥梁口、隧道口、基坑边沿、爆破物及危险气体和液体存放处等危险部位应设置明显的安全警示标志。安全警示标志必须符合《安全标志》（GB 2894—1996）、《安全标志使用导则》（GB 16179—1996），各种安全警示设置后，未经项目负责人批准，不得擅自移动或拆除。

5. 对施工机具、施工设施使用进行控制

施工机具在使用前，必须由施工单位机械管理部门或岗位人员对安全保险、传动保护装置及使用性能进行检查、验收，填写验收记录，合格后方可使用。使用中，应对施工机具、施工设施进行检查、维护、保养和调整等。

6. 对施工现场临时用电的监控

施工现场临时用电的变配电装置、架空线路或电缆干线的敷设、分配电箱等用电设备，在组装完毕通电投入使用前，由施工单位安全部门或岗位与专业技术人员共同按临时用电组织设计的规定检查验收，对不符合要求的必须整改，待复查合格后，填写验收记录。使用中，由专职电工负责日常检查、维护和保养。

7. 对安全检测工具性能、精度的控制

根据项目施工特点，项目经理部规定并有效落实各施工场所应配备的安全检测设备和工具。常用的安全检测工具见表4-8。

常用安全检测工具表　　　　　　　　　　　　　　　　　　　表 4-8

分类	工　具
检查几何尺寸	卷尺、经纬仪、水准仪、卡尺和塞尺
检查受力状态	传感器、拉力器和力矩扳手
检查电气	接地电阻测试仪、绝缘电阻测试仪、电压电流表及漏电测试仪等
测量噪声	声级机
测量风速	手持式风速仪

施工过程中，应当加强对安全检测工具的计量检定管理工作，对国家明令实施强制检定的安全检测工具，必须落实按要求进行检定；同时，应加强对其他安全检测工具的检定、校正管理工作。管理人员应定期检查安全检测工具的性能、精度状况，确保其处于良好状态之中。安全检测工具应每年检定、校正一次，应有书面记录。

8. 对重大危险源和重大环境因素及其相关的重点部位、过程和活动应组织专人进行重点监控

项目负责人根据已识别的重大危险源和重大危险因素，确定与之相关的需要进行重点监控的重点部位、过程和活动，如深基坑施工、地下暗挖施工、高大模板施工、起重机械安装和拆除、整体式提升脚手架升降、大型构件吊装等。

根据监控对象确定熟悉相应操作过程和操作规程的监控人员，明确其制止违章行为、暂停施工作业的职责权限，并就监控内容、监控方式、监控记录和监控结果反馈等要求进

行上岗交底和培训；根据规定实施重点监控，特别是对深基坑施工、地下暗挖施工、高大模板施工、起重机械安装和拆除、整体或提升脚手架升降必须进行连续的旁站监控，并做好记录。

9. 对安全物资的控制

对安全物资的控制包括对安全物资进场的验证、检测、标识和对安全物资的防护和检查，具体见图 4-20。

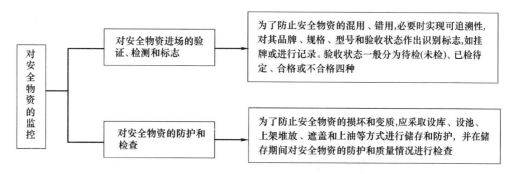

图 4-20 安全物质监控的具体内容

10. 对起重机械、设备安装和拆除进行监控，对其使用进行监控

施工升降机、井架、塔吊和龙门架等起重机械、设备，安装拆除前应按专项施工方案组织交底，安装拆除过程应采取防护措施，并进行过程监护，安装搭设完毕后，一般由企业和项目经理部按规定自行验收，检查要点包括基础的隐蔽工程验收、预埋件、平整度、斜撑、剪刀撑、墙体埋件、垂直度、电器、起重机械等专项检查和检验。其中搭设、施工升降机等危险性较大的起重、升降设备，在企业内部安装调试或验收后，再向行业检测机构申请检测，核发合格证后投入使用。施工单位机械管理部门或岗位人员负责对机械操作人员进行安全操作技术交底，并且落实日常检查，督促机械操作人员做好机械的维修和保养工作。

11. 对施工现场及毗邻区域地下管线、建筑物、构筑物等的专项防护的监控

对施工现场及毗邻现场的供水、排水、供电、供气、供热、通信及广播电视等地下管线，相邻建筑物、构筑物和地下工程等应采取专项防护措施，特别是在城市市区内施工的建设工程，确保其不受损失，施工中应组织专人进行监控。

12. 安全自检与互检工作的监控

施工单位的自检体系表现在以下几点：

（1）作业者在作业结束后必须自检；

（2）不同工序交接、转换必须由相关人员交接检查；

（3）施工单位专职安全生产管理员进行专检。

项目经理部应建立起完善的安全自检体系并确保其运行有效。

13. 安全记录资料的控制

安全记录是为了证明施工现场满足安全要求的程度或为施工组织设计（安全生产保证计划）实施的有效性提供客观证据的文件；安全记录还可为有追溯要求的各类检查、验收和采取纠正措施及预防措施等提供依据，安全记录的具体内容见表 4-9。

安全记录的具体内容　　　　　　　　　　　　　　　　表 4-9

类　　别	具 体 内 容
施工现场安全管理检查记录资料	包括施工单位现场安全管理制度,安全生产责任制;主要专业工作操作上岗证书;分包单位资质及总包单位对分包单位的管理制度;施工组织设计、专项施工方案及审批记录;现场材料、设备存放与管理等
与安全设施有关的记录资料	包括材料、设备、防护用具等的采购、检查、试验、验收等记录材料
施工过程作业活动安全记录资料	施工过程可按分项、分部、单位工程建立相应的安全记录资料,主要包括各工序作业的原始施工记录;验收材料;材料、设备安全资料的编号、存放档案卷号、安全隐患的报告、通知、处理及检查验收资料等

　　安全记录资料应在工程施工前,根据单位的要求及工程竣工验收资料组卷归档的有关规定,制定并列出各施工对象的安全资料清单。随着工程施工的进展,施工单位应不断补充和填写关于材料、设备及施工作业活动的有关内容,记录新的情况。当每一个阶段施工或安装工作完成时,相应的安全记录材料也应随之完成,并整理组卷。

　　施工安全记录资料应真实、齐全、完整,相关各方人员的签字齐备、字迹清楚、结论明确,与施工过程的进展同步。

　　14. 对安全防护设施的搭设和拆除进行监控,对其使用进行控制

　　(1) 对脚手架搭设和拆除进行监控

　　普通脚手架按规定要求交底搭设,悬挑钢平台、特种脚手架按施工组织设计中专项施工方案规定的要求进行交底搭设。普通脚手架搭设到一定高度时,按《建筑施工安全检查标准》(JGJ 59—99)的要求,按分部、分阶段进行检查、验收,合格后做好记录,再投入使用,使用中落实专人负责检查、维护。特种类的挑、挂、爬(整体式提升)脚手架按施工组织设计中的专项搭设方案进行检查、验收,合格后方准投入使用,在每次提升或下降以后,还必须进行验收,否则不得投入使用。

　　(2) 洞口、临边、高处作业所采取的安全防护设施的监控

　　通道防护栏、电梯井内隔离网、楼层周边等洞口临边的安全防护设施,规定专人负责搭设与检查。在施工现场内应落实负责搭拆、维修、保养这些防护设施的班组,该班组应熟悉整个工程需搭拆的安全防护设施情况,以利于保持所搭设设施的标准和连续性,搭拆都需要明确专门的部门或人员负责过程监控、检查与验收。

　　(3) 对安全防护设施使用进行监控

　　工程施工多数情况为露天作业,施工现场情况多变,又是多工种立体交叉作业,设备、设施在验收合格投入使用后,在施工过程中往往出现缺陷和问题,人员在作业中往往会发生违章现象,为了及时排除动态过程中人和物的不安全因素,防患于未然,必须对设施、设备在日常运行和使用过程中容易发生事故的主要环节、部位进行全过程的动态自查、互查和专门检查维护,以保持设备、设施持续完好有效。

　　15. 对安全管理制度的控制

　　施工过程对安全管理制度的控制主要内容见表 4-10。

施工过程中安全管理制度控制的内容　　　　　　　　　　　　　表 4-10

控 制 内 容	控 制 重 点
安全目标管理的控制	(1)检查是否有效落实安全管理目标责任分解 (2)检查是否有效落实安全目标责任考核
安全生产责任制的控制	(1)检查是否有效落实安全生产责任制中安全生产管理职责、目标、指标 (2)对安全生产责任制有效落实记录的检查
安全生产资金保障制的控制	(1)对劳动用品资金、安全教育培训专项资金的监督、监控 (2)保障安全生产技术措施资金的支付、使用、监督和监控
安全教育培训制度的控制	(1)检查是否有效落实安全教育培训计划 (2)安全教育培训实施记录的检查
安全检查的控制	(1)对各管理层次日常、定期、专项和季节性安全检查的实施情况的检查 (2)对安全检查和隐患处理、复查的实施记录的检查 (3)检查隐患整核是否按期完成
生产安全事故报告制度的审核	(1)检查安全事故应急预案、应急救援小组和人员是否有效落实 (2)检查生产安全事故报告和处理的实际情况
安全生产管理机构的控制	(1)检查安全生产管理机构是否有效落实 (2)检查安全管理人员配备数量是否达到规定要求
安全技术管理制度的控制	(1)检查是否有效落实方案交底、验收和检查规定 (2)检查是否有效落实安全技术交底相关规定和制度
设备安全管理制度的控制	(1)检查设备租赁管理 (2)检查合同管理和设备档案管理的实施情况
特种设备管理制度的控制	(1)检查特种设备的使用情况 (2)对特种设备的运行进行合理管理
消防安全责任制度的控制	(1)施工现场消防通道、消防水源、消防设施和灭火器材等设置的检查 (2)对定期组织检查消防设施和灭火器材等实施情况的检查

16. 对施工现场消防安全的控制

按防火要求对木工间、油漆仓库、氧气与乙炔瓶仓库、电工间等重点防火部位，高层外脚手架上焊接等作业活动，氧气和乙炔瓶、化学溶剂等易燃易爆危险物资的运输、储存进行标识、防护，配置相应的灭火器等消防器材和设施，在火灾易发部位作业或者储存、使用易燃易爆物品时，应当采取相应的防火、防爆措施，并落实专人负责管理。

根据防火等级，在施工中动用明火时，项目经理部应建立并实施动火与明火作业分级审批制度，落实监护人员和灭火器材，并应定期对消防设施、器材等进行检查、维护，确保其完好、有效。

17. 施工现场环境卫生安全的控制

应按施工组织设计的施工平面布置方案将办公、生活区与工作区分开设置，并保持安全距离。依据施工现场的实际情况确定安全距离，总原则是分开的、独立的区域，并应当设有明显的指示标志。办公、生活区的选址应当符合安全性要求，保证办公用房、生活用房不会因滑坡、泥石流等地质灾害而受到破坏，造成人员伤亡和财产损失。

在工作区应当做好施工前期围挡、场地、道路、排水设施准备，按规划堆放材料，有专人负责场地清理、道路维护保洁、水沟与沉淀池的疏通和清理，设置安全标志，开展安全宣传，监督施工作业人员，做好班后清理工作以及对作业区域安全防护措施的检查维护。

施工现场必须按相关卫生标准设置食堂、宿舍、厕所、浴室等，具备卫生、安全、健康、文明的有关条件，杜绝职工集体食物中毒等恶性事故发生；临时搭设的建筑物应当符合安全使用要求，施工现场使用的装配式活动房屋应具有产品合格证，同时要确保饮用水安全，尤其是夏天高温季节，必须提供防暑降温饮料。严禁在尚未竣工的建筑物内设置员工集体宿舍。

18. 安全与验收的控制

安全验收必须严格遵照国家、行业标准、规定，按照施工方案和安全技术措施的设计要求，严格把关，办理书面签字手续，验收人员对方案、设备、设施的安全保证性能负责。

19. 对安全物资供应单位的监控

供应单位在服务过程中需施工总承包单位对工程施工过程中涉及的危险源和环境因素予以识别、评价和控制措施，并将与策划结果有关的文件和要求事先通知供应单位，以确保他们能遵守施工总承包单位施工组织设计（安全生产保证计划）的相关要求，通知的方式包括合同或协议约定、书面安全技术交底、协调会议等。

按照事先确认的要求，在供应单位服务提供的过程中，对涉及危险源和环境因素的活动、人员、设施、设备的状况，进行控制管理和监督检查，确保供应商认真落实各项规定的要求。

20. 对大型起重机械设备拆装单位的监控

对大型起重机械设备拆装的监控主要包括两方面：安装拆除过程的监控、安装后检验、检测的监控。

《建筑工程安全生产条例》规定，设备安装单位在安装完毕后，应当进行自检，出具自检合格证明，并向施工单位进行安全使用说明。在施工起重机械设备安装和拆卸过程的监控和管理中，施工企业必须参加，其主要内容见图 4-21。

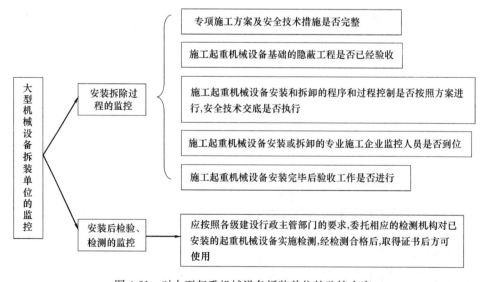

图 4-21　对大型起重机械设备拆装单位的监控内容

21. 对粉尘、废水、固体废弃物、噪声等排放的监控

粉尘、废水、固体废弃物、噪声等的排放可能造成职业危害和环境影响，应落实施工现场施工组织设计（安全生产保证计划）关于劳动保护、环境保护和文明施工的各项措施，使其排放控制在允许范围之内。如围挡封闭施工；在施工现场进行搅拌作业必须在搅拌前台进行以及运输车清洗必须设置沉淀池等等。

22. 对分包单位的监控

对分包单位在施工过程中涉及的危险源和环境因素，施工总承包单位应予以识别、评价和控制策划，并将策划结果有关的文件和要求事先通知分包单位，以确保他们能遵守施工总承包单位施工组织设计（安全生产保证计划）的相关要求，如对分包单位自带的机械设备的安装、验收、使用、维护和操作人员持证上岗的要求，相关安全风险和环境影响及控制要求，通知的方式包括合同或协议约定、书面安全技术交底、协调会议等。

施工总承包单位项目总负责人在开始施工前，应组织有关人员向分包单位负责人及分包队伍有关人员进行安全教育和施工交底，交底内容以总分包合同为依据，包括施工技术文件、安全管理体系的有关文件、安全生产规章制度和文明施工管理要求等。交底应以书面形式，一式两份，双方负责人和有关人员签字，并保留交底记录，确保作业前对全体分包从业人员均完成安全教育培训。

在分包单位施工的过程中，对涉及危险源和环境因素的活动、人员、设施、设备的状况，进行控制管理和监督检查，确保分包商认真落实各项规定的要求，并且要明确责任部门或岗位按照事先确认的要求。

施工总承包单位项目经理部应有部门或专人对分包队伍施工全过程中的安全生产、文明施工情况进行指导检查、监督管理，与分包方沟通信息，及时处理发现的问题，必要时可按合同约定终止合同，做好必要的记录，并为今后对分包单位业绩评定提供依据。

4.4.2 施工过程安全控制手段

1. 审核安全技术文件、报告和报表

对安全技术文件、报告、报表的审查，是对建设工程施工安全进行全面控制的重要手段，其具体内容见图 4-22。

对安全技术文件报告报表的审查
- 有关技术证明文件
- 专项施工方案的安全技术措施
- 有关安全物资的检验报告
- 工序控制图表
- 设计变更、修改图纸和技术核定书
- 有关应用新工艺、新材料、新技术、新结构的技术鉴定书
- 有关工序检查与验收资料
- 有关安全问题的处理报告
- 审查审批现场有关安全技术签证、文件等

图 4-22 安全技术文件、报告、报表的审查

2. 现场安全检查和监督

（1）现场安全检查的内容

1）工序施工中的跟踪监督、检查与控制。主要是监督、检查在工序施工过程中，人

115

员、施工机械、设备、材料、施工方法及工艺操作以及施工环境条件等是否均处于良好的状态，是否符合保证工程施工安全的要求，若发现有问题及时纠正并加以控制。

2）对于重要的和对工程施工安全有重大影响的工序、工程部位、活动，还应在现场施工过程中安排专人监控。

3）安全记录材料的检查，确保各项安全管理制度的有效落实。

（2）安全检查的方式和要求

安全检查的类型主要包括日常、定期、专业性、季节性及节假日后安全检查。根据本项目施工生产的特点，法律、法规、标准、规范和企业规章制度的要求，以及安全检查的目的，项目经理应确定安全检查的内容，包括安全意识、安全制度、机械设备、安全设施、安全教育培训、操作行为、劳保用品使用和安全事故处理等项目。

根据安全检查的形式和内容，项目经理应明确检查的牵头和参与部门及专业人员，并进行分工；根据安全检查的内容，确定具体的检查项目及标准和检查评分方法，同时可编制相应的安全检查评分表；按检查评分表的规定逐项对照评分，并做好具体的记录，特别是不安全因素和扣分原因。

3. 安全隐患的处理

安全隐患处理应符合图 4-23 所规定。

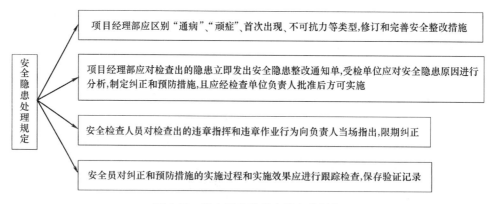

图 4-23　安全隐患处理应符合的规定

4. 工地例会和安全专题会议

（1）工地例会是施工过程中参加建设工程项目各方沟通情况、解决分歧、形成共识、作出决定的主要渠道。通过参加例会，项目负责人检查分析施工过程的安全装置，找出存在的安全问题，提出整改的措施，并作出相应的保证。由于参加工地例会的人员较多，层次也比较高，会上容易就问题的解决达成共识。

（2）针对某些专门安全问题，项目负责人还应组织专题会议，集中解决较重大或普遍存在的问题。

5. 规定安全控制工作程序

规定双方必须遵守的安全控制工作程序，按规定的程序进行工作，这也是进行施工过程安全控制的必要手段。

6. 安全生产奖惩制

执行安全生产责任制中的安全生产奖惩制，确保施工过程中的安全，促使施工生产顺利进行。

4.5 建筑工程安全监理

2006年10月，建设部印发了《关于落实建设工程安全生产监理责任的若干意见》，首次从中央层次提出了"安全监理"的概念。明确安全监理就是建设工程安全生产的监理工作。具体提出了监理单位在建设工程施工准备阶段、施工阶段的安全监理内容和监理责任。

安全监理是对施工过程中安全生产状况所实施的监督管理，是工程建设监理的重要组成部分。根据《建设工程安全生产管理条例》中的规定："必须遵守安全生产法律、法规的规定，保证建设工程安全生产，依法承担建设工程安全生产责任。"

4.5.1 建筑工程安全监理的概念和有关规定

1. 建筑工程安全监理的概念

（1）监理

所谓监理，通常是指有关执行者根据一定的行为准则，对某些行为进行监督管理，使这些行为符合准则要求，并协助行为主体实现其行为目的。

监理的字面含义十分丰富。"监"在中国古代汉语中作为名词使用时，是指可以照影的明亮铜镜；而作为动词使用时，一般指从旁监视、督促的意思，是一项目标性很明确的具体行为。所以，我们现在常见到的一些词，如监察、监督、监工、监测、监管等，都有上述的含义。"理"字有两方面的意思：一是指条理、准则；二是指管理、整理。因此，综合起来，"监理"就是以准则为一面镜子，对特定行为进行对照、审察，以便找出问题的意思。

综上所述，"监理"可表述为：由一个执行机构或执行者，依据一定的准则，对某一行为的有关主体进行督察、监控和评价，守"理"者不问，违"理"者必究；同时，这个执行机构或执行者还要采取组织、指挥、协调和疏导等措施，协助有关人员更准确、更完整、更合理的达到预期目标。

（2）建设工程监理

建设部《工程建设监理规定》（建监（1995）第737号文）明确指出：工程建设监理是指监理单位受项目法人的委托，依据国家批准的工程项目建设文件、有关工程建设的法律、法规和工程建设监理合同及其他工程建设合同，对工程建设实施的监督管理。监理单位是建筑市场的主体之一，建设监理是一种高智能的有偿技术服务。监理单位与项目法人之间是委托与被委托的合同关系，监理单位与被监理单位之间是监理与被监理的关系。监理单位应按照"公正、独立、自主"的原则，开展工程建设监理工作，公平的维护项目法人和被监理单位的合法权益。

建设工程监理可以适用于工程建设投资决策阶段和实施阶段，但目前监理工作的开展主要是在建设工程施工阶段，甚至只局限于施工阶段的质量控制工作。在施工阶段委托监理，其目的是更有效地发挥监理的规划、控制和协调作用，为在计划目标内建成工程提供管理服务。

（3）建设工程安全监理

2006 年建设部《关于落实建设工程安全生产监理责任的若干意见》中指出：为了认真贯彻《建设工程安全生产管理条例》（以下简称《条例》），指导和督促工程监理单位（以下简称"监理单位"）落实安全生产监理责任，做好建设工程安全生产的监理工作（以下简称"安全监理"）。从中可以看出，"安全监理"是监理单位监理工作内容的一部分，专指建设工程安全生产的监理工作。由此可见，建设工程安全监理是指具有相关资质的工程监理单位受建设单位的委托，依据国家有关建设工程的法律、法规，按照政府主管部门批准的建设工程的项目建设文件、委托监理合同及其他工程建设合同，对建设工程安全生产实施的专业化监督管理。

监理的职责从监理理论上说来自于法律法规的规定和监理单位与业主签订的委托监理合同。安全监理职责是监理职责的一部分，因此工程监理单位的安全监理职责同样来自于以上两个方面。

目前我国颁布的《建筑法》和《安全生产法》等法律中，没有提及监理单位的安全监理职责。但是，随着建设工程安全生产形势发展的需要，在 2003 年 11 月 24 日国务院颁布的《建设工程安全生产管理条例》中对监理单位的安全监理职责有明确的规定。其中第十四条规定：工程监理单位和监理工程师应按照法律法规和工程建设强制性标准实施监理，并对建设工程安全生产承担监理责任。

工程建设领域推行的项目法人责任制普遍规定：项目法人对工程建设的安全健康与环境负有全面监督管理的责任。因此，大多数业主就很自然的授权于所委托的工程监理单位代表业主对工程建设进行安全监督管理，这表现在目前大多数监理委托合同中，都有安全监理方面的明确约定。

安全生产贯穿于建设工程施工的全过程，涉及建设工程每个环节、每个部位，直接影响建设工程的质量、进度和造价，甚至影响周边环境及社会的安定团结。所以，工程监理单位和监理人员在安全生产方面实施施工现场安全监理已成为建设工程监理的一项重要工作内容。

一般来说，对安全监理的理解包括如下两方面：

1）安全监理是社会化、专业化的工程监理单位受建设单位（或业主）的委托和授权，依据法律、法规、已批准的工程项目建设文件、监理合同及其他建设工程合同对工程建设实施的安全生产监督管理。

安全监理包括对工程建设中的人、机、物、环境及施工全过程的安全生产进行监督管理，并采取组织、技术、经济和合同措施，保证建设行为符合国家安全生产、劳动保护法律法规和有关政策，有效地控制建设工程安全风险在允许的范围内，以确保施工安全性。安全监理的特点是属于委托性的安全服务。

2）安全监理是工程建设监理的重要组成部分，也是建设工程安全生产管理的重要保障。安全监理的实施，是提高施工现场安全管理水平的有效方法，也是建设工程项目管理体制改革中加强安全管理、控制重大伤亡事故的一种模式。

2. 法律法规对安全监理责任的规定

（1）《建设工程安全生产管理条例》对安全监理责任的规定

监理的安全责任，在我国法律法规中第一次作出明确规定的是《建设工程安全生产管理条例》（以下简称《条例》）。尽管社会上对《条例》规定的理解存在不同意见，但是一且发生安全生产事故，是否及如何追究监理的安全责任，《条例》已成为主要的法律依据。《条例》一方面它首次以国家法规的形式增加了、固化了监理机构开展安全管理工作的职责，另一方面为防止被不恰当的、过度追究监理的安全责任提供了法律武器。

《条例》对监理职责、职权和法律责任作了明确规定。其中第四条、第十四条，具体规定了监理的六项职责（表 4-11）和相关监理职权；第二十六条规定了对达到一定规模的危险性较大的分部分项工程，总监的审批签认职责；第五十七条明确了监理的四项法律责任和处罚办法。

《条例》的有关规定   表 4-11

监 理 职 责	监 理 职 权	法 律 责 任	处 罚 办 法
审查施工组织设计中的安全技术措施和专项施工方案	技术方案审批权	未对安全技术措施和专项施工方案进行审查的	对单位：停业整顿，并处 10～30 万元罚款；降低资质等级、吊销资质；追究刑事责任；承担赔偿责任 对个人：停止执业、吊销资格、终生不予注册、追究刑事责任
在实施监理过程中,发现安全隐患	现场检查权	无明确规定	
要求施工单位整改	整改指令权	发现安全事故隐患,未及时要求整改或暂停施工的	
情况严重的要求暂停施工并报告建设单位	暂停工指令权		
拒不整改及不停止施工的及时报告有关主管部门	向有关主管部门报告权	施工企业拒不整改或不停工,未及时向有关主管部门报告的	
依法律、法规和强制性标准实施监理	依法监理权	未依法律、法规和强制性标准实施监理的	

《条例》第四条规定："建设单位、勘察单位、设计单位、施工单位、工程监理单位及其他建设工程安全生产有关的单位，必须遵守安全生产法律、法规的规定，保证建设工程安全生产，依法承担建设工程安全生产责任。"

《条例》第十四条规定："工程监理单位应当审查施工组织设计中的安全技术措施或者专项施工方案是否符合工程建设强制性标准。工程监理单位在实施监理过程中，发现存在安全事故隐患的，应当要求施工单位整改；情况严重的，应当要求施工单位暂时停止施工，并及时报告建设单位。施工单位拒不整改或者不停止施工的，工程监理单位应当向有关主管部门报告。工程监理单位和监理工程师应当按照法律、法规和工程建设强制性标准实施监理，并对建设工程安全生产承担监理责任。"

《条例》第五十七条规定："违反本条例的规定，工程监理单位有下列行为之一的，责令限期改正；逾期未改正的，责令停业整顿，并处 10 万元以上 30 万元以下的罚款；情节严重的，降低资质等级，直至吊销资质证书；造成重大安全事故，构成犯罪的，对直接责任人员，依照刑法有关规定追究刑事责任；造成损失的，依法承担赔偿责任。"

《条例》第五十八条规定："注册执业人员未执行法律、法规和工程建设强制性标准的，责令停止执业 3 个月以上 1 年以下；情节特别严重的，吊销执业资格证书，5 年内不予注册；造成重大安全事故的，终身不予注册；构成犯罪的，依照刑法有关规定追究刑事责任。"

（2）《建设工程安全生产监督管理工作导则》对监理安全工作的要求

《建设工程安全生产监督管理工作导则》（以下简称《导则》）于 2005 年 10 月 13 日施行，规定了建设行政主管部门对监理安全工作的检查要求。

《导则》第 5 章规定，建设行政主管部门对监理单位安全生产监督检查的主要内容是：

1）将安全生产管理内容纳入监理规划的情况，以及在监理规划和中型以上工程的监理细则中制定对施工单位安全技术措施的检查方面的情况。

2）审查施工企业资质和安全生产许可证、三类人员及特种作业人员取得考核合格证书和操作资格证书情况。

3）审核施工企业安全生产保证体系、安全生产责任制、各项规章制度和安全监管机构建立及人员配备情况。

4）审核施工企业应急救援预案和安全防护、文明施工措施费用使用计划情况。

5）审核施工现场安全防护是否符合投标时承诺和《建筑施工现场环境和卫生标准》等标准要求情况。

6）复查施工单位施工机械和各种设施的安全许可验收手续情况。

7）审查施工组织设计中的安全技术措施或专项施工方案是否符合工程建设强制性标准情况。

8）定期巡视检查危险性较大工程作业情况。

9）下达隐患整改通知单，要求施工单位整改事故隐患情况或暂时停工情况；整改结果复查情况；向建设单位报告督促施工单位整改情况；向工程所在地建设行政主管部门报告施工单位拒不整改或不停止施工情况。

10）其他有关事项。

（3）《关于落实建设工程安全生产监理责任的若干意见》的要求

《关于落实建设工程安全生产监理责任的若干意见》（以下简称《若干意见》）于 2006 年 10 月 16 日施行。《若干意见》对安全监理工作进一步细化，并重申监理单位的法律责任。

《若干意见》对建设工程安全监理主要工作内容等的规定下节将会详细论述。

3. 安全监理的依据与范围

（1）安全监理的依据

1）安全监理委托合同；

2）《中华人民共和国建筑法》；

3）《建设工程安全生产管理条例》；

4）国家安全生产法律法规和政策；

5）劳动保护、环境保护、消防等的法律法规与标准；

6）建设行业安全生产规章、规范性文件、安全技术规范等；

7）设计的施工说明书；

8）经过审核、审批的施工组织设计、专项施工方案的安全技术措施；

9）《建筑施工安全检查标准》及其他建筑施工安全技术规范和标准等。

（2）安全监理的范围

1）依据《建筑法》，国家强制安全监理的项目有：国家重点建设工程；大中型公用事业工程；成片开发建设的住宅小区工程；利用外国政府或者国际组织贷款、援助资金的工程；国家规定必须实行监理的其他工程。

2）地方政府规定必须实行安全监理的建设工程。

3）建设单位委托安全监理的建设工程。

4.5.2 安全监理基础工作

1. 责任风险评价

安全监理责任风险评价贯穿施工监理全过程，从获得招标信息到决定投标，就已经进行了包括安全监理责任风险评价内容的监理风险评价。

安全监理责任风险评价是动态的，施工单位提交施工组织设计、安全专项施工方案以后，监理人员通过审查，进一步熟悉施工单位投入的人力、设备以及所采用的技术、管理模式和管理制度，这有利于对此前的评价成果进行进一步的完善。

安全监理责任风险评价是安全监理的基础工作之一。风险评价的成果是实施风险对策的依据。在风险评价的基础上建立工作分解结构，配备合乎风险特点的监理人员，编制安全监理文件。

2. 组建现场监理机构

（1）委派得力的总监理工程师。目前，我国实行总监负责制。即由总监理工程师代表监理单位履行对工程项目的监理义务；对内，总监理工程师对监理单位负责，对外，总监理工程师对建设单位负责；项目监理部以总监理工程师为核心，监理成员服从总监理工程师的统一领导。总监理工程师是项目监理机构履行监理安全责任的第一责任人。

（2）组建项目监理部。监理人员特别是总监理工程师、总监理工程师代表、专职安全监理人员和专业监理工程师要有丰富的监理经验，能灵活解决安全监理方面的问题。

3. 健全安全监理责任制

（1）明确监理单位主要负责人的安全监理责任。

（2）确定监理人员的安全监理职责。包括总监理工程师、总监理工程师代表、专职安全监理人员和专业监理工程师的安全监理职责。

4. 完善安全监理制度

（1）审核制度。包括审核特种作业人员的特种作业操作资格证书、特种设备有关许可文件、施工起重设施的验收记录、危险物品的有关许可文件、施工组织设计中的安全技术措施和危险性较大的分部分项工程安全专项施工方案。

（2）监理例会制度。

（3）安全监理专题会议制度。

（4）巡视检查制度。

（5）监理日记（志）制度。

（6）报告制度。

（7）岗位管理制度。

（8）资料归档制度。

5. 做好监理人员的安全监理培训

总监理工程师应每周召集监理人员进行一次内部监理业务例会,安全监理作为业务例会的重要内容,组织研讨和掌握质量控制、安全控制要点,进行安全监理技术交底。

4.5.3 建筑工程安全监理的工作内容和工作程序

1. 建筑工程安全监理的主要工作内容

在《关于落实建设工程安全生产监理责任的若干意见》中,对建设工程安全监理的主要工作内容具体规定如下:

监理单位应当按照法律、法规和工程建设强制性标准及监理委托合同实施监理,对所监理工程的施工安全生产进行监督检查,具体内容包括:

(1) 施工准备阶段安全监理的主要工作内容

1) 监理单位应根据《建设工程安全生产管理条例》的规定,按照工程建设强制性标准、《建设工程监理规范》(GB 50319—2000)和相关行业监理规范的要求,编制包括安全监理内容的项目监理规划,明确安全监理的范围、内容、工作程序和制度措施,以及人员配备计划和职责等。

2) 对中型及以上项目和《条例》第二十六条规定的危险性较大的分部分项工程,监理单位应当编制监理实施细则。实施细则应当明确安全监理的方法、措施和控制要点,以及对施工单位安全技术措施的检查方案。

3) 审查施工单位编制的施工组织设计中的安全技术措施和危险性较大的分部工程安全专项施工方案是否符合工程建设强制性标准要求。审查的主要内容应当包括:

① 施工单位编制的地下管线保护措施方案是否符合强制性标准要求;

② 基坑支护与降水、土方开挖与边坡防护、模板、起重吊装、脚手架、拆除及爆破等分部分项工程的专项施工方案是否符合强制性标准要求;

③ 施工现场临时用电施工组织设计或者安全用电技术措施和电气防火措施是否符合强制性标准要求;

④ 冬雨期等季节性施工方案的制定是否符合强制性标准要求;

⑤ 施工总平面布置图是否符合安全生产的要求,办公、宿舍、食堂、道路等临时设施位置以及排水、防火措施是否符合强制性标准要求。

4) 检查施工单位在工程项目上的安全生产规章制度和安全监管机构的建立、健全及专职安全生产管理人员配备情况,督促施工单位检查各分包单位的安全生产规章制度的建立情况。

5) 审查施工单位资质和安全生产许可证是否合法有效。

6) 审查项目经理和专职安全生产管理人员是否具备合法资格,是否与投标文件相一致。

7) 审核特种作业人员的特种作业操作资格证书是否合法有效。

8) 审核施工单位应急救援预案和安全防护措施费用使用计划。

(2) 施工阶段安全监理的主要工作内容

1) 监督施工单位按照施工组织设计中的安全技术措施和专项施工方案组织施工,及时制止违规施工作业。

2) 定期巡视检查施工过程中的危险性较大的工程作业情况。

3) 核查施工现场施工起重机械、整体提升脚手架、模板等自升式架设设施和安全设施的验收手续。

4）检查施工现场各种安全标志和安全防护措施是否符合强制性标准要求，并检查安全生产费用的使用情况。

5）督促施工单位进行安全自查工作，并对施工单位自查情况进行抽查，参加建设单位组织的安全生产专项检查。

2. 建设工程安全监理的工作程序

1）监理单位按照《建设工程监理规范》（GB 50319—2000）和相关行业监理规范要求，编制含有安全监理内容的监理规划和监理实施细则。

2）在施工准备阶段，监理单位审查核验施工单位提交的有关技术文件及资料，并由项目总监在有关技术文件报审表上签署意见；审查未通过的，安全技术措施及专项施工方案不得实施。

3）在施工阶段，监理单位应对施工现场安全生产情况进行巡视检查，对发现的各类安全事故隐患，应书面通知施工单位，并督促其立刻整改；情况严重的，监理单位应及时下达工程暂停令，要求施工单位停工整改，并同时报告建设单位。安全事故隐患消除后，监理单位应检查整改结果，签署复查或复工意见。施工单位拒不整改或不停工整改的，监理单位应当及时向工程所在地建设主管部门或工程项目的行业主管部门报告，以电话形式报告的，应当有通话记录，并及时补充书面报告。检查、整改、复查和报告等情况应记载在监理日志、监理月报中。

监理单位应核查施工单位提交的施工起重机械、整体提升脚手架、模板等自升式架设设施和安全设施等验收记录，并由安全监理人员验收备案。

4）工程竣工后，监理单位应将有关安全生产的技术文件、验收记录、监理规划、监理实施细则、监理月报、监理会议纪要及相关书面通知等按规定立卷归档。

其中，施工阶段安全监理是安全监理中的重要内容。其安全监理程序如下：

1）总承包单位编制文明安全施工方案；

2）监理单位审核并提出书面意见；

3）业主代表审核安全文明施工方案，若审核不通过，则返回总承包单位重新编制；

4）实施安全施工方案；

5）监理工程师检查执行情况，若发现安全生产隐患及时发出整改通知书，监督总承包单位落实整改，并通知业主代表；若发生安全事故，提出书面报告通知业主代表，组织相关各方处理安全事故。

如遇到下列情况，总监下达暂停施工令：

1）施工中出现安全异常，经提出后，施工单位未采取改进措施或者改进措施不符合要求时。

2）对已发生的工程事故未进行有效处理而继续作业时。

3）安全措施未经自检而擅自使用时。

4）擅自变更设计图纸进行施工时。

5）使用没有合格证明的材料或擅自替换、变更工程材料时。

6）未经安全资质审查的分包单位的施工人员进入施工现场施工时。

7）出现安全事故时。

4.6　建筑工程安全检查与处理

4.6.1　建筑工程安全检查

由于在建筑工程中危及劳动者的不安全因素随时存在，为此，必须通过安全检查对施工中存在的不安全因素进行预测、预报和预防。通过安全检查，预防伤亡事故或把事故率降下来，把伤亡事故频率和经济损失降到低于社会容许的范围及国际同行业的先进水平，进而改善施工条件和作业环境，达到最佳安全状态。

1. 安全检查的内容

安全检查工作应有两大方面，一是各级管理人员对安全施工规章制度的建立与落实；二是施工现场安全措施的落实和有关安全规定的执行情况。

规章制度的内容包括：安全施工责任制、岗位责任制、安全教育制度和安全检查制度。

施工现场安全检查的重点以劳动条件、生产设备、现场管理、安全卫生设施以及生产人员的行为为主。发现危及人的安全因素时，必须果断的消除。包括以下内容：

（1）安全技术措施。根据工程特点、施工方法、施工机械，是否编制了完善的安全技术措施并在施工过程中得到贯彻。

（2）施工现场安全组织。工地上是否有专、兼职安全员，并组成安全活动小组，工作开展情况，是否有完整的施工安全记录。

（3）安全技术交底，操作规章的学习贯彻情况。

（4）安全设防情况。

（5）个人防护情况。

（6）安全用电情况。

（7）施工现场防火设备。

（8）安全标志牌等。

2. 安全检查的形式

安全检查的形式多样，主要有上级检查、定期检查、专业性检查、经常性检查、季节性检查以及自检等。

（1）上级检查是指各级主管部门对下属单位进行的安全检查。这种检查能发现本行业安全施工存在的共性和主要问题，具有针对性、调查性，也有批评性。同时通过检查总结，扩大（积累）安全施工经验，对基层推动作用较大。

（2）公司内部定期安全检查制度，由主管安全的领导带队，同工会、安全、动力设备和保卫等部门一起，按照事先计划的检查方式和内容进行检查。属于全面性和考核性的检查。

（3）专业安全检查由公司有关业务分管部门单独组织，有关人员针对安全工作存在的突出问题，对某项专业（如，施工机械、脚手架、电气、塔吊、锅炉、防尘防毒等）存在的普遍性安全问题进行单项检查。这类检查针对性强，能有的放矢，对帮助提高某项专业安全技术水平有很大作用。

（4）经常性的安全检查主要是提高大家的安全意识，督促员工时刻牢记安全，在施工中安全操作，及时发现安全隐患，消除隐患，保证施工的正常进行。经常性的安全检查有：班组进行班前、班后岗位安全检查；各级安全员及值班人员日常巡回安全检查；各级管理人员在检查施工同时检查安全等。

（5）季节性和节假日前后的安全检查。季节性安全检查是针对气候特点（如夏季、冬季、风季、雨季等）可能给施工安全和施工人员健康带来危害而组织的安全检查。节假日（如元旦、劳动节、国庆节等）前后的安全检查，主要是防止施工人员在这一段时间思想放松、纪律松懈而容易发生事故。检查应由单位领导组织有关部门人员进行。

（6）施工人员在施工过程中还要经常进行自检、互检和交接检查。自检是施工人员在工作前、后对自身所处的环境和工作程序进行的安全检查，以随时消除安全隐患。互检是指班组之间、员工之间开展的安全检查，以便互相帮助，共同防止事故。交接检查是指上道工序完毕，交给下道工序使用前，在工地负责人组织工长、安全员、班组及其他有关人员参加情况下，由上道工序施工人员进行安全交底并一起进行安全检查和验收，认为合格后，才能交给下道工序使用。

3. 安全检查的方法

随着安全管理科学化、标准化、规范化的发展，目前安全检查基本上都采用安全检查表和一般检查方法，进行定性定量的安全评价。

（1）安全检查表是一种初步的定性分析方法，它通过事先拟定的安全检查明细表或清单，对安全生产进行初步的诊断和控制。

为了科学的评价建筑施工安全施工情况，提高安全施工工作的管理水平，预防伤亡事故的发生，实现安全检查工作的标准化、规范化，原建设部颁发了安全检查评分表。

中华人民共和国行业标准《建筑施工安全检查标准》（JGJ 59—99）中对检查分类及评分方法有如下规定：

对建筑施工中易发生伤亡事故的主要环节、部位和工艺等的完成情况做安全检查评价时，应采用检查评分表的形式，分为安全管理、文明工地、脚手架、基坑支护与模板工程、"三宝""四口"防护、施工用电、物料提升机与外用电梯、塔吊、起重吊装和施工机具共十项分项检查评分表和一张检查评分汇总表。具体内容见表4-12。

建筑施工安全检查评分汇总表　　表4-12

企业名称：经济类型：资质类型：

单位工程（施工现场名称）	建筑面积	结构类型	总计得分	项目名称及分值								
				安全管理	文明施工	脚手架	基坑支护与模板工程	"三宝""四口"防护	施工用电	物料提升机与外用电梯	塔吊	起重吊装	施工机具

其中"三宝"指安全帽、安全带和安全网；"四口"指通道口、预留洞口、楼梯口、电梯井口。

在安全管理、文明施工、脚手架、基坑支护与模板工程、施工用电、物料提升机与外用电梯、塔吊和起重吊装八项检查评分表中，设立了保证项目和一般项目，保证项目应是安全检查的重点和关键。

　　建筑施工安全检查评分，以汇总表的总得分及保证项目达标与否作为对一个施工现场安全生产情况的评价依据，分为优良、合格、不合格三个等级。

　　1）安全管理检查评分表是对施工单位安全管理工作的评价。检查的项目应包括：安全生产责任制、目标管理、施工组织设计、分部分项工程安全技术交底、安全检查、安全教育、班前安全活动、特种作业持证上岗、工伤事故处理和安全标志十项内容。具体内容见表 4-13。

安全管理检查评分表

表 4-13

序号	检查项目	扣 分 标 准	应得分数	扣减分数	实得分数
1	保证项目	安全生产责任制	未建立安全责任制的扣 10 分； 未按规定配备专(兼)职安全员的扣 10 分； 经济承包中无安全生产指标的扣 10 分； 未制定各工种安全技术操作规程的扣 10 分； 各级各部门未执行责任制的扣 4～6 分； 管理人员责任制考核不合格的扣 5 分	10		
2		目标管理	未制定安全管理目标(伤亡控制指标和安全达标、文明施工目标)的扣 10 分； 未进行安全责任目标分解的扣 10 分； 无责任目标考核规定的扣 8 分； 考核办法未落实或落实不好的扣 5 分	10		
3		施工组织设计	施工组织设计中无安全措施扣 10 分； 施工组织设计未经审批扣 10 分； 专业性较强的项目，未单独编制专项安全施工组织设计，扣 8 分； 安全措施未落实扣 8 分 安全措施无针对性扣 6～8 分； 安全措施不全面扣 2～4 分；	10		
4		分部分项工程安全技术交底	无书面安全技术交底扣 10 分； 交底针对性不强扣 4～6 分； 交底不全面扣 4 分； 交底未履行签字手续扣 2～4 分	10		
5		安全检查	无定期安全检查制度扣 5 分； 安全检查无记录扣 5 分； 检查出事故隐患整改做不到定人、定时间、定措施扣 2～6 分； 对重大事故隐患整改通知书所列项目未如期完成扣 5 分	10		
6		安全教育	无安全教育扣 10 分； 新入厂工人未进行三级安全教育扣 10 分； 变换工种时未进行安全教育扣 10 分； 无具体安全教育内容扣 6～8 分； 专职安全员未按规定进行年度培训考核或考核不合格的扣 5 分 施工管理人员未按规定进行年度培训的扣 5 分； 每有一人不懂本工种安全技术操作规程扣 2 分；	10		
		小计		60		
7	一般项目	班前安全活动	未建立班前安全活动制度扣 10 分； 班前安全活动无记录扣 2 分	10		
8		特种作业持证上岗	一人未经培训从事特种作业扣 4 分； 一人未持操作证上岗扣 2 分	10		

续表

序号	检查项目		扣分标准	应得分数	扣减分数	实得分数
9	一般项目	工伤事故处理	工伤事故未按规定报告扣 3～5 分； 工伤事故未按事故调查分析规定处理扣 10 分； 未建立工伤事故档案扣 4 分	10		
10		安全标志	无现场安全标志布置总平面图扣 5 分； 现场未按安全标志总平面图设置安全标志的扣 5 分	10		
		小计		40		
检查项目合计				100		

2）文明施工检查评分表是对施工现场文明施工的评价。检查的项目包括：现场围挡、封闭管理、施工场地、材料堆放、现场宿舍、现场防火、治安综合治理、施工现场标牌、生活设施、保健急救及社区服务十一项内容。

3）脚手架检查评分表分为落地式外脚手架检查评分表、悬挑式脚手架检查评分表、门型脚手架检查评分表、挂脚手架检查评分表、吊篮脚手架检查评分表和附着式升降脚手架安全检查评分表六种脚手架的安全检查评分表。

4）基坑支护安全检查评分表是对施工现场基坑支护工程的安全评价。检查项目应包括：施工方案、临边防护、坑壁支护、排水措施、坑边荷载、上下通道、土方开挖、基坑支护变形监测和作业环境九项内容。

模板工程安全检查评分表是对施工过程中模板工作的安全评价。检查项目应包括：施工方案、支撑系统、立柱稳定、施工荷载、模板存放、支拆模板、模板验收、混凝土强度、运输道路和作业环境十项内容。

5）"三宝""四口"防护检查评分表是对安全帽、安全网、安全带、楼梯口、电梯井口、预留洞口、坑井口、通道口及阳台、楼板、屋面等临边使用及防护情况的评价。

6）施工用电检查评分表是对施工现场临时用电情况的评价。检查的项目应包括：外电防护、接地与接零保护系统、配电箱、开关箱、现场照明、配电线路、电器装置、交配电装置和用电档案九项内容。

7）物料提升机（龙门架、井字架）检查评分表是对物料提升机的设计制作、搭设和使用情况的评价。检查的项目应包括：架体制作、限位保险装置、架体稳定、钢丝绳、楼层卸料平台防护、吊篮、安装验收、架体、传动系统、联络信号、卷扬机操作棚和避雷十二项内容。

外用电梯（人货两用电梯）检查评分表是对施工现场外用电梯的安全状况及使用管理的评价。检查的内容应包括：安全装置、安全防护、司机、荷载、安装与拆卸、安装验收、架体稳定、联络信号、电气安全和避雷十项内容。

8）塔吊检查评分表是对塔式起重机使用情况的评价。检查的项目应包括：力矩限制器、限位器、保险装置、附墙装置与夹轨钳、安装与拆卸、塔吊指挥、路基与轨道、电气安全、多塔作业和安装验收十项内容。

9）起重吊装安全检查评分表是对施工现场起重吊装作业和起重吊装机械的安全评价。检查的项目应包括：施工方案、起重机械、钢丝绳与地锚、吊点、司机、指挥、地耐力、起重作业、高处作业、作业平台、构件堆放、警戒和操作工十二项内容。

10）施工机具检查评分表是对施工中使用的平刨、圆盘锯、手持电动工具、钢筋机

127

械、电焊机、搅拌机、气瓶、翻斗车、潜水泵和打桩机械十种施工机具安全状况的评价。

（2）安全检查一般方法主要是通过看、听、嗅、问、查、测、验、析等手段进行检查。

看——看现场环境和作业条件，看实物和实际操作，看记录和资料等，通过看来发现隐患。

听——听汇报、听介绍、听反映、听意见或批评、听机械设备的运转响声或承重物发出的微弱声等，通过听来判断施工操作是否符合安全规范的规定。

嗅——通过嗅来发现有无不安全或影响职工健康的因素。

问——评影响安全问题，详细询问，寻根究底。

查——查安全隐患问题，对发生的事故查清原因，追究责任。

测——对影响安全的有关因素、问题，进行必要的测量、测试、监测等。

验——对影响安全的有关因素进行必要的试验或化验。

析——分析资料、试验结果等，查清原因，消除安全隐患。

4.6.2　建筑工程安全隐患的处理

1. 安全隐患的处理步骤

对检查出的隐患的处理一般要经过下面几步：

（1）对检查出来的隐患和问题仔细分门别类的进行登记。登记的目的是为了积累信息资料，并作为整改的备查依据，以便对施工安全进行动态管理。

（2）查清产生安全隐患的原因。对安全隐患要进行细致分析，并对各个项目工程施工存在的问题进行横向和纵向的比较，找出"通病"和个例，发现问题，具体问题具体对待，分析原因，制订对策。

（3）发出隐患整改通知单。对各个项目工程存在的安全隐患发出整改通知单，以便引起整改单位重视。对容易造成事故的重大安全隐患，检查人员应责令停工，被查单位必须立刻整改。整改时，要做到"三定"（即定人、定期限、定措施）。

（4）进行责任处理。对造成隐患的责任人要进行处理，特别是对负有领导责任的经理等要严肃查处。对于违章操作、违章作业行为必须进行批评指正。

（5）整改复查。各项目工程施工安全隐患整改完成后要及时通知有关部门，有关部门应立即派人进行复查，经复查整改合格后，进行销案。

2. 安全隐患的处理程序

（1）监理人员在现场发现了安全事故隐患，应及时向总监理工程师或专职安全监理人员报告。

（2）总监理工程师根据安全事故隐患的严重程度采取相应措施，一般要签发监理工程师通知单，书面要求施工单位整改；情节严重的，报告建设单位，并立即要求施工单位暂停施工，并签发"工程暂停令"，书面指令施工单位执行。

（3）施工整改结束，对监理机构的监理通知应填报监理工程师通知回复单，由监理机构检查签署意见；对监理机构的暂停令应填报工程复工报审表，经监理机构检查验收合格，方可统一恢复施工。

（4）施工单位拒不整改或不暂停施工的，总监理工程师应当及时向建设单位报告，并及时向建设主管部门或行业主管部门报告。

（5）发现、要求、复查、报告等监理工作，应记载在监理日记、监理月报中。

（6）监理机构在实施安全监理过程中，应注意检查是否存在以下几方面的安全隐患：

1）施工单位违反国家相关强制性标准、规范施工的；

2）施工单位未按设计文件、设计图纸进行施工的；

3）施工单位无方案施工或未按经批准的施工组织设计、安全专项施工方案施工的；

4）施工单位未按施工操作规程施工，存在违章指挥、违章作业的；

5）施工现场出现根据监理经验就可以判断为安全事故隐患的（如发现附着式脚手架的拉结点被部分拆除、配电箱的接地线断路、起重机械未经建设主管部门登记等）；

6）施工现场出现生产安全事故先兆的（如基坑漏水量加大、边坡出现塌方、脚手架发生晃动、配电箱漏电、电源开关局部发热等）。

4.6.3 建筑工程安全事故的处理

1. 建筑工程安全事故的定义

《职业安全卫生管理体系规范》（职业安全卫生评价系列 OHSAS18001）将事故定义为：导致死亡、职业相关病症、伤害、财产损失或其他损失的不期望事件。或叙述为，事故是生产或活动进程中发生的与人们愿望和意志相反的使进程停止或受到干扰的意外事件。事故总是使进程停止或受到干扰，同时可能伴随着人体伤害和物质损坏。事故可以看作是一个过程，是系统的某些要素的扰动，经过一系列中间事件而最终导致不希望的有害结果的过程。

工程建设过程主要是组织人员、材料、设备和工具，按照工作计划、客观规律和条件、作业标准等，通过一系列的组织和管理手段，完成建筑产品的建设工作。工程建设过程中发生的使进程停止或受到干扰的意外事件有很多类，产生这些意外事件的根源还涉及该项目的设计单位、建设单位、监理单位等各参与方，同时，还有自然力的因素。

一般来说，建设工程安全事故是指在正常的工程建设活动过程中，由于工程建设企业自身的组织或管理等原因，造成工程建设过程中的某些要素扰动，引起工作或活动偏差，导致建设进程停止或受到干扰，形成损失或者伤害的意外事件。

2. 安全事故的分类与成因

（1）建筑伤亡事故的主要类型及统计分析

通过研究和分析过去违反安全条例的记录、意外伤害事故的资料，以及了解国内外在过去若干年针对建筑安全所进行的研究工作，我们能够深入地了解和分析其中的一些问题。众所周知，在所有的工业行业中，建筑业在伤害及死亡事故发生率方面一直居于前列。虽然建筑业事故率已经有了大幅度的下降，但安全水平仍不能令人满意。为了提高建筑业的整体安全水平，方法之一便是重点调查和研究建筑伤亡事故发生的规律，并且找出那些导致事故发生的主要原因。通过对我国近年发生的建筑伤亡事故的分析可知，事故的主要类型分别是高处坠落、电击伤害、物体打击和机械伤害。

由于我国关于建筑安全事故的统计还处于初级阶段，难以获得详细真实的事故原因的统计数据，因此关于事故规律的分析主要的数据来源于美国相关部门的统计。

1990 年美国职业安全与健康局（OSHA，Occupational Safety and Health Association）对大量建筑伤亡事故的诱因进行统计，得出五类发生概率较高的事故类型：高处坠落、物体打击、挤压伤害、电击伤害和其他。后来经过专家的分析将这五个类别进行了扩充，如下所列：

　　1）从提升设备上坠落；

　　2）从地平面坠落；

　　3）电击（动力线）；

　　4）电击（建筑线路）；

　　5）电击（错误的建筑工具/线路）；

　　6）电击（错误的设备线路）；

　　7）电击（其他）；

　　8）被设备打击；

　　9）被高空坠落的物体打击；

　　10）被材料打击（非高空坠落）；

　　11）被设备挤压；

　　12）被堆放的材料挤压；

　　13）陷落；

　　14）爆炸；

　　15）火灾；

　　16）爆炸/火灾；

　　17）窒息；

　　18）溺死；

　　19）自然原因；

　　20）其他。

OSHA 1995 年 3 月重印了一份名为《1991 年被引用频率最高的 100 条 OSHA 建筑标准：消除 25 个相关的有形危险源的指南》的报告，该报告对 1991 年的被引用的最频繁（即违反次数最多）的 OSHA 标准进行了分析，并根据这个分析，给出了消除 25 个相关的有形危险源的指南。在被违反次数最多的 100 个标准里，有 78 个是与有形危险源相关的，另外 22 个是与遵守工作程序相关的。

100 个被引用次数最多的有形标准按照引用次数列出最主要的 10 个如下：

1）高处坠落防护（开放操作面/平台的坠落防护）；

2）个人防护装备 PPE（头部保护）；

3）电击（接地故障保护）；

4）电击（未接地或接地不连续）；

5）掘进/开挖（开挖工作保护系统）；

6）脚手架（管式焊接框架脚手架的防护栏杆要求）；

7）个人防护装备 PPE（特定工种的特定 PPE）；

8）梯子/楼梯；

9）防火；

10）通用规定（现场保洁/文明施工）。

（2）事故成因

其他研究者从行为的角度对事故的起因进行了分类，例如，有人根据对过去文献的研究和自己的工作经验，将事故的起因按行为分为了以下 8 个方面：

1）缺少适当的培训；

2）安全法规不够完善；

3）未提供安全的设备；

4）不安全的方法或工序；

5）不安全的现场条件；

6）未使用提供的安全装备；

7）对安全不够重视；

8）单独的、突然的对指定行为的背离。

3. 建筑工程事故处理程序

重大施工事故由国务院按有关程序和规定处理，按《特别重大事故调查程序暂行规定》（国务院第 34 号），《企业职工伤亡事故报告和处理规定》（国务院令第 75 号），《工程建设重大事故报告和调查程序规定》（建设部令第 3 号）的规定进行报告。

国家建设行政主管部门归口管理全国建设工程重大事故；省、自治区、直辖市建设行政主管部门归口管理本行政辖区的建设工程重大事故；市、县级建设行政主管部门归口管理一般建设工程事故。

发生安全生产事故后，监理机构具有双重身份：一是作为监理方要督促事故单位立即停止施工、排除险情、抢救伤员并防止事态扩大；二是作为本身也承担建设工程安全生产责任的建设工程参与单位要接受责任调查，当存在违反《建设工程安全生产管理条例》等有关规定的情况时，还要接受处理或处罚。这里主要介绍监理机构作为安全监理方需执行的程序。

（1）基本原则

当施工现场发生事故后，总监理工程师、专职安全监理人员应在第一时间赶到现场，及时会同建设单位现场负责人向施工单位了解事故情况，判断事故的严重程度。要求施工单位立刻排除险情、抢救伤员、防止事态扩大，做好现场保护和证据保全工作。及时发出监理指令并向监理公司主要负责人报告。

（2）发生《生产安全事故报告和调查处理条例》规定等级以上事故的处理

1）总监理工程师立即下达"工程暂停令"，并督促施工单位按照有关规定，以最快的方式向事故发生地县级以上人民政府安全生产监督管理部门、建设主管部门或有关部门报告。

2）配合有关主管部门组成的事故调查组的调查。当调查组提出要求时，监理机构应如实提供工程有关资料，如相关合同、图纸、会议纪要、监理月报、监理日记和监理工程师联系单、监理工程师通知单等资料。

3）监理机构应按照事故调查组提出的处理意见和防范措施建议，监督检查施工单位对处理意见和防范措施的落实情况。

4）施工单位填报工程复工报审表，专职安全监理人员进行核查，由总监理工程师签批。

5）监理机构应做好维权和举证工作。

（3）发生《生产安全事故报告和调查处理条例》规定等级以下事故的处理

当现场发生重伤或者直接经济损失接近 100 万元的事故后，总监理工程师应签发监理工程师通知单，要求施工单位进行调查（或根据当地的规定或建设单位要求组织事故调查），写出调查报告，提出整改措施，并用监理工程师通知回复单报监理机构。专职安全监理人员应进行复查，并在监理工程师通知回复单中签署意见，由总监理工程师签字。

思 考 题

1. 什么是建筑工程施工安全策划？
2. 建筑工程安全目标的内容有哪些？
3. 简述安全保证体系策划的主要内容。
4. 建筑工程安全生产管理制度有哪些？
5. 简述工程施工安全控制与质量、进度、投资控制的关系。
6. 简述施工准备阶段安全控制和施工过程安全控制的概念。
7. 安全生产保证计划和施工组织设计的区别有哪些？
8. 施工准备阶段安全控制的内容有哪些？
9. 简述施工阶段安全监理的主要工作内容。
10. 简述建筑工程安全检查方法中安全检查表的基本内容。

第5章 建筑工程安全评价

5.1 建筑工程安全评价概述

安全评价作为现代安全管理模式，体现了"以人为本"和"预防为主"的安全管理理念，是预防事故的重要手段，通过开展安全评价，可以确认企业是否具备安全生产条件，有利于安全生产的宏观控制和提高企业的安全管理水平，有利于企业系统地、有针对性地加强对事故隐患的治理，最大限度地降低安全生产风险，保障从业人员的安全和健康，提高社会效益、经济效益。安全评价不仅是生产经营单位实现科学化、系统化安全管理的基础，也是政府安全生产监督管理的需要。

安全评价，国外也称为危险度评价或风险评价，是以实现工程、系统安全为目的，应用安全系统工程原理和方法，对工程、系统中存在的危险、有害因素进行识别与分析，判断工程、系统发生事故和急性职业危害的可能性及其严重程度，提出安全对策建议，从而为工程、系统制定防范措施和管理决策提供科学依据。安全评价不仅成为现代安全生产的重要环节，而且在安全管理的现代化、科学化中也起到积极的推动作用。

5.1.1 安全评价内容和标准

建筑企业生产管理过程具有程序复杂、机械设备多、劳动强度高、作业环境差等特点，容易带来安全隐患，造成安全事故，建筑业已成为继交通和采矿业之后的第三大安全事故高发行业。近年来，我国对建筑行业的安全管理进行了行之有效的探索和实践，先后颁布了《建筑施工安全检查标准》（JGJ 59—99）、《施工企业安全生产评价标准》（JGJ/T 77—2003）、《中华人民共和国建筑法》、《中华人民共和国安全生产法》等行业标准和法律法规，逐步规范了建筑行业的安全生产管理，初步形成了"企业负责、行业管理、国家监察、群众监督、劳动者遵规守纪"的安全生产监督管理体制。

建筑工程安全评价是利用系统工程方法对拟建或已有工程可能存在的危险性及其可能产生的后果进行综合评价和预测，并根据可能导致的事故风险的大小，提出相应的安全对策措施，以达到建筑工程安全目标的过程。安全评价应贯穿于建筑工程设计、建设、运营和报废拆除整个生命周期的各个阶段。对建筑工程进行安全评价既是建筑企业、施工单位搞好安全施工的重要保证，也是政府安全监督管理的需要。

1. 建筑工程安全评价的基本内容

建筑工程安全评价是一门具有跨学科性质的应用技术科学。安全评价作为安全系统工程的重要组成部分，是由保险业发展而来，并于20世纪60年代中期开始在工程领域得到广泛运用，20世纪80年代初引入我国。就建筑工程方面而言，安全评价属于建设环境评价的范畴，即从"人——建筑——环境"这一大系统角度出发，利用安全系统工程的原理，研究人（主体）对建筑、环境（客体）安全价值的判断或反映，或者说是研究建筑环境安全价值与主体（人）需要间相互关系的过程。其目的是使人能够正确的认知（认识建筑和环境的危险隐患）和行为（采取适当的安全设计和管理措施），从而实现更大意义上的安全价值。

建筑工程安全评价能使系统有效降低事故发生率，用最少的投入达到最佳安全效果，主要包括建筑工程危险性的辨识和建筑工程危险性的评价两个方面，如图 5-1 所示。

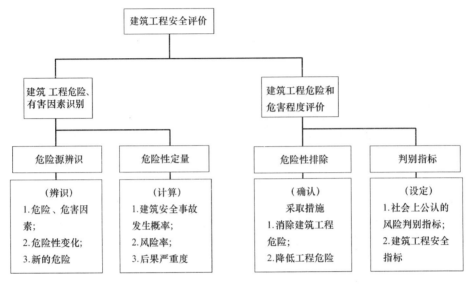

图 5-1　建筑工程安全评价的基本内容

（1）对建筑工程危险性的辨识，应尽可能有量的概念，即用数字表示建筑工程系统的危险程度，以便于比较，并要反复校核系统的危险性，确认系统是否有新的危险以及系统的运行过程中危险性会发生什么变化；

（2）对建筑工程的危险性评价，需要有一个标准，即社会公认的安全指标；同时，还要确认危险性是否被排除、危害程度是否有所降低。

2. 建筑工程安全评价的特点

建筑工程安全评价的一般过程是：辨识建筑产品生产活动中的危险性和危险源、评价风险、采取措施，直至达到安全指标。与传统的安全分析和安全管理相比，建筑工程安全评价的主要特点有：

（1）树立全局性安全系统观点

建筑工程安全系统往往由诸多子系统构成，为了保证系统的安全，必须研究每一个子系统易引发事故的原因和危险性。安全评价是以整个系统的安全为目标，不能孤立地对子系统进行研究和分析，应从全局的观点出发。

（2）识别工程危险性因素

建筑工程安全评价的目的是预先发现和识别可能导致工程建设过程中伤亡事故发生的危险因素，以便在事故发生之前采取措施，消除、控制这些因素，防止事故发生。

（3）采取安全定量化分析

建筑工程安全评价对建筑工程建设过程中各项工作做定量化分析，把建筑工程安全从抽象的概念转化为数量指标，为建筑工程安全管理、建设过程中伤亡事故预测和选择最优化方案提供科学依据。

3. 建筑工程安全评价的意义

建筑工程安全评价不但成为建设工程项目建设中必需的一项工作，也是预防和控制工程施工伤亡事故的重要手段。建筑工程安全评价在建筑工程生产和管理过程中有着极其重要的作用。其意义在于可有效地预防建筑安全事故发生，减少财产损失、人员伤亡和伤害。

建筑工程安全评价与日常工程安全管理和安全监督监察工作不同，安全评价是从技术带来的负效应出发，分析、论证和评估由此产生的损失和伤害的可能性、影响范围、严重程度及应采取的对策措施等。

（1）从建筑工程施工方面来说，建筑安全监督部门对建筑工程施工现场按施工阶段进行安全评价，有利于了解施工现场及施工企业安全管理基础的真实状况，及早发现薄弱环节，使企业领导和施工现场管理者对存在的可能引发事故的危险因素心中有数，为下一步安全生产工作决策提供依据，使施工管理的部署有明确的目标和方向。

（2）建筑工程评价有利于安全防范措施的制定及贯彻落实。通过工程安全评价确定整改项目，落实整改措施，消除不安全因素，从而推动了整改措施的全面落实。

（3）建筑工程安全评价是一次全面、规范的安全大检查，对建筑工程施工中易发生伤亡事故的主要环节、部位和施工工艺等的完成情况进行综合考评；设置安全评价评分等级，有利于克服检查中的随意性，规范了安全检查的内容及要求，保障了安全评价的全面性。

（4）建筑工程安全性评价的标准及项目，是采用安全系统工程原理，结合建筑工程中伤亡事故规律，依据国家《建筑工程安全检查标准》（JG 359—1999）及有关法律法规、标准和规程而编制的，有利于建筑工程管理人员学习技术，提高业务水平的操练过程。

（5）建筑工程安全评价包括对安全规章制度，上级颁发的文件执行情况的检查，有利于及时修订不合理的规章制度以及各级责任制的落实。

此外，建筑工程安全评价还有助于政府安全监督管理部门对建筑企业安全生产实行宏观控制；有助于建筑工程安全投资的合理选择，使安全投资和可能减少的负效益达到合理的平衡；有助于提高建筑企业的安全管理水平，使企业安全管理变事后处理为事先预测、预防，变纵向单一管理为全面系统管理，变经验管理为目标管理。

4. 安全评价标准

（1）安全评价标准分类

安全评价相关标准可按来源、法律效力、对象特征分类，见表5-1。

安全评价标准分类

表5-1

分类标准	具体内容
按标准来源分	由国家主管标准化工作的部门颁布的国家标准，如《生产设备安全卫生设计总则》、《生产过程安全卫生要求总则》等
	国务院各部委发布的行业标准，如原建设部的《施工企业安全生产评价标准》、《建筑施工安全检查标准》等
	地方政府发布的地方标准，如《不同行业同类工种职工个人劳动防护用品发放标准》（[91]鲁劳安字第582号）
	国际标准和外国标准

分 类 标 准	具 体 内 容
按标准法律效力分	强制性标准,如《建筑设计防火规范》(GB 50016—2006)、《爆炸和火灾危险环境电力装置设计规范》(GB 50058—2001)等
	推荐性标准
按标准对象特征分	管理标准
	技术标准(可分为基础标准、产品标准和方法标准 3 类)

（2）建筑安全评价所依据的标准

基于建筑业是一个高风险的行业，建筑安全管理也日趋重要。我国建筑业安全管理工作正在逐渐从项目现场安全管理向着建筑施工企业安全生产能力管理进行转变。1999 年 5月《建筑施工安全检查标准》（JGJ 59—99）的颁布为建筑安全评价定量化打下基础；《施工企业安全生产评价标准》（JGJ/T 77—2003）于 2003 年 12 月 1 日起实施，对建筑安全评价的定量化进行探索；2004 年 2 月开始实施的《建设工程安全生产管理条例》以及2004 年 7 月颁布的《建筑施工企业安全生产许可证管理规定》确定了项目以及施工企业的安全生产制度，并从监督管理的角度进行了规定。

5.1.2　安全评价方法

安全评价方法有很多种，每种评价方法都有其适用范围和应用条件。在进行安全评价时，应该根据安全评价对象和要实现的安全评价目标，选择适用的安全评价方法。

1. 安全评价方法分类

安全评价方法分类的目的是为了根据安全评价对象选择适用的评价方法。安全评价方法很多，按不同的分类标准所分类别有所不同，见表 5-2。

安全评价方法分类　　　　　　　　　　表 5-2

分 类 标 准	类　　别
按评价结果量化程度分类	定性安全评价方法、定量安全评价方法
按评价推理逻辑过程分类	归纳推理评价法、演绎推理评价法
按评价要达到的目的分类	事故致因因素安全评价方法、危险性分级安全评价方法、事故后果安全评价方法
按评价对象不同的分类	设备(设施或工艺)故障率评价法、人员失误率评价法、物质系数评价法和系统危险性评价法
按建筑工程生命周期分类	安全预评价、安全验收评价、安全现状评价和专项安全评价

（1）按照建筑工程安全评价结果的量化程度

国内外主要的安全评价方法是按照安全评价结果的量化程度对安全评价进行分类，可分为定性安全评价方法和定量安全评价方法。

1）定性安全评价方法

定性安全评价方法主要是根据经验和直观判断能力对建筑工程设备、设施、环境、人员和管理等方面的状况进行定性的分析，安全评价的结果是一些定性的指标是否达到了某项工程安全指标、事故类别和导致事故发生的因素等，然后进一步根据这些因素从技术上和管理上提出安全对策措施建议。

定性的安全评价方法有安全检查法（Safety View，SR）、安全检查表分析法（Safety

Checklist Analysis，SCA）、专家现场询问观察法、预先危险性分析法（Preliminary Hazard Analysis，PHA）、作业条件危险性评价法（Job Risk Analysis，LEC）、因素图分析法、故障类型及影响分析法（Failure Mode Effects Analysis，FMEA）、故障假设分析法（What…If，WI）、危险和可操作性研究（Hazard and Operability，HAZOP）以及人的可靠性分析（Human Reliability Analysis，HRA）等。

定性安全评价方法的特点是容易理解、便于掌握，评价过程简单。目前，定性安全评价方法在国内外企业安全管理工作中广泛使用。但定性安全评价方法往往依靠经验，带有一定的局限性，安全评价结果有时因参加评价人员的经验和经历等不同而存在相当的差异。同时，由于安全评价结果不能给出量化的危险度，所以不同类型的对象之间安全评价结果缺乏可比性。

2）定量安全评价方法

定量安全评价是通过专家调查或运用基于大量的试验结果和广泛的事故资料统计分析获得的指标或规律（数学模型），对建筑工程设备、设施、环境、人员和管理等方面的状况进行定量的计算，安全评价的结果是一些定量的指标，如事故发生的概率、事故的伤害（或破坏）范围、定量的危险性、事故致因因素的事故关联度或重要度等。定量安全评价主要有以下两种类型。

① 以可靠性、安全性为基础，先查明系统中存在的隐患并求出其损失率、有害因素的种类及其危害程度，然后再与国家规定的有关标准进行比较、量化。常用的方法有故障树分析法（Fault Tree Analysis，FTA）、事件树分析法（Event Tree Analysis，ETA）、模糊数学综合评价法、层次分析法、作业条件危险性分析法（LEC）、机械工厂固有危险性评价方法和原因后果分析法（Cause—Consequence Analysis，CCA）等。

② 以物质系数为基础，采用综合评价的危险度分级方法。常用的方法有美国道化学公司的"火灾、爆炸危险指数评价法"（Dom Hazard lndex，DOW）、英国 ICI 公司蒙德部"火灾、爆炸、毒性指数法"、（Mond Index，ICI）、日本劳动省的"六阶段法"和"单元危险指数快速排序法"等。

（2）按照安全评价的逻辑推理过程

按照安全评价逻辑推理过程，安全评价方法可分为归纳推理评价法和演绎推理评价法。

归纳推理评价法是从事故原因推论结果的评价方法，即从最基本的危险、有害因素开始，逐步分析导致事故发生的直接因素，最终分析可能导致的事故。

演绎推理评价法是从结果推论原因的评价方法，即从事故开始，推论导致事故发生的直接因素，再分析与直接因素相关的间接因素，最终分析和查找出致使事故发生的最基本的危险、有害因素。

（3）按照安全评价目的

按照安全评价目的，可分为事故致因因素安全评价方法、危险性分级安全评价方法和事故后果安全评价方法。

事故致因因素安全评价方法是采用逻辑推理的方法，由事故推论最基本危险、有害因素或由最基本危险、有害因素推论事故的评价法；该类方法适用于识别系统的危险、有害因素和分析事故，这类方法一般属于定性安全评价法。

危险性分级安全评价方法是通过定性或定量分析给出系统危险性的安全评价方法，该类方法适用于系统的危险性分级，可以是定性安全评价法，也可以是定量安全评价法。

事故后果安全评价方法可以直接给出定量的事故后果，给出的事故后果可以是系统事故发生的概率、事故的伤害（或破坏）范围、事故的损失或定量的系统危险性等。

（4）按照评价对象

按照评价对象的不同，安全评价方法还可以分为设备（设施或工艺）故障率评价法、人员失误率评价法、物质系数评价法和系统危险性评价法等。

（5）按照建筑工程生命周期

根据建筑工程生命周期的各个阶段和评价的目的，国内将安全评价通常分为安全预评价、安全现状评价、专项安全评价和安全验收评价四类（专项安全评价应属现状评价的一种特例，属于政府在特定的时期内进行专项整治时开展的评价），详细介绍见本章 5.2。

2. 常用的安全评价方法

安全评价方法众多，本节将简要介绍在建筑工程安全评价中常用的几种安全评价方法的要点。本节列举的一些方法，可应用于某些特定的情况，特别是对某些特定的危险状况进行详尽的分析，例如安全检查法、故障树分析法等。分析人员使用这些方法时应注意，只有在分析一些特别重要的关键部位时才使用这些方法，因为这些方法比一般简单的方法所要花费的时间及工作量要多很多。

（1）安全检查法

建筑工程安全检查是根据建筑工程项目特性、施工作业特性，对建筑工程施工过程中的安全进行经常性的、突击性的或专业性的检查。

建筑工程施工过程中，必然会产生机械设备的消耗、磨损、腐蚀和性能改变，受建筑工程施工过程的开放性、变化性影响，施工安全技术措施与施工作业临时设施的状态也在不断改变。生产环境，包括物理环境和大气环境，也随建设过程的进行而发生改变，如作业场所不断变化，危险性环境如临边、洞口、高处作业等增多，现场粉尘、有毒有害物质、噪声的产生等。随着施工作业的延续，工人的疲劳强度加大，安全意识有所减弱，从而产生不安全行为。所有这些因素都是建筑工程施工过程中的危险因素，是造成事故的隐患，而且这些事故隐患是随着建筑工程施工的进展而不断发生变化的。建筑工程施工过程中，如果不能及时发现这些危险因素，将会对建筑工程施工安全生产形成威胁。为此，开展经常性的、突击性的、专业性的安全检查，不断地、及时地发现建筑工程施工过程中的不安全因素，及时予以消除，才能预防事故和职业病的发生，做到"安全第一、预防为主、综合治理"。实践证明，安全检查是建筑工程施工安全生产的重要保障，是建筑工程施工安全管理的重要内容。

1）安全检查的类型

安全检查的类型，从不同角度有不同分法，通常可以分为经常性安全检查与安全生产大检查、定期检查与不定期检查、专业性检查与全面检查、上级检查与自行检查和相互检查。

经常性检查是企业和项目内部进行的自我安全检查，包括企业安全管理人员进行的日常安全检查，生产领导人员进行的巡视检查，操作人员对本岗位设备、设施和工具的检查。这一检查方式由于检查人员为本企业管理人员或生产操作人员，对过程情况熟悉且日常与生产设备、设施紧密接触，了解情况全面、深入细致，能及时发现问题、解决问题。经常性安全检查是控制建筑工程安全的主要检查方法，但由于检查是立足本企业、本岗位，面向工作的，对于建筑工程中可能存在的一些系统性危险因素，难于发现，需要有企业外部的安全检查进行配合，如政府部门组织的安全生产大检查、保险公司组织的安全检查以及特种作业、特种设备专项检查等。

安全生产大检查一般是由上级主管或安全生产监督管理部门对企业或建筑工程的安全生产进行的各类检查。检查人员主要来自有经验的上级领导或本行业或相关行业高级技术人员和管理人员。检查一般是集中在一段时间，有目的、有计划、有组织地进行，规模较大、揭露问题深刻、判断准确，能发现一般管理人员与技术人员不易发现的问题，有利于推动企业安全生产工作，促进安全生产中老大难问题的解决。

专业检查是针对特种作业、特种设备、特殊作业场所开展的安全检查，调查了解某个专业性安全问题的技术状况，如电气、焊接、压力容器、运输等的安全技术状况。

2）安全检查的内容

建筑工程项目的安全检查工作，是贯彻"安全第一、预防为主、综合治理"的安全生产基本方针的体现，为确保不遗漏任何事故隐患，安全检查必须采取"怀疑一切，全面检查，逐项排除"的原则，做到"纵向到底，横向到边"，做好建筑工程项目的安全检查工作。

安全检查的内容，根据不同企业、不同项目、不同检查目的、不同时期各有侧重，应着重做好以下几方面的检查。

① 查思想认识

查思想认识是检查企业和项目领导在思想上是否真正重视安全工作；检查企业领导对安全工作的认识是否正确，行动上是否真正关心职工的安全和健康；对国家和上级机关发布的方针、政策、法规是否认真贯彻并执行；企业领导是否向职工宣传党和国家劳动安全卫生的方针、政策。

② 查现场、查隐患

深入生产现场，检查劳动条件、操作情况、生产设备以及相应的安全设施是否符合安全要求和劳动安全卫生的相关标准；检查生产装置和生产工艺是否存在事故隐患；检查企业安全生产各级组织对安全工作是否有正确认识，是否真正关心职工的安全、健康，是否认真贯彻安全生产方针以及各项劳动保护政策法令；检查职工"安全第一"的思想是否建立。

③ 查管理、查制度

检查企业的安全工作在计划、组织、控制、协调、信息管理以及相关制度等方面是否认真按国家法律、法规、标准及上级要求执行，是否完成各项要求。

④ 查安全生产教育

检查对企业或项目领导的安全教育和安全生产管理的资格教育（持证）是否达到要求；检查职工的安全生产思想教育、安全生产知识教育以及特殊作业的安全技术知识教育是否达标。

⑤ 查安全生产技术措施

检查各项安全生产技术措施（改善劳动条件、防止伤亡事故、预防职业病和职业中毒等）是否落实；安全生产技术措施所需的设备、材料是否已列入物资、技术供应计划中；每项措施是否都确定了其实现的期限和其负责人以及企业领导人对安全技术措施计划的编制和贯彻执行负责的情况。

⑥ 查纪律

查生产领导、技术人员、企业职工是否违反了安全生产纪律；企业单位各生产小组是否设有不脱产的安全员，督促工人遵守安全操作规程和各种安全制度，是否教育工人正确使用个人防护用品以及及时报告安全生产中的不安全情况；企业单位的职工是否自觉遵守安全生产规章制度，不进行违章作业且能随时制止他人违章作业。

⑦ 查整改

对被检查单位上一次查出的问题，按当时登记项目、整改措施和期限进行复查，检查是否进行了整改及整改的效果。如果没有整改或整改不力的，要重新提出要求，限期整改。对隐瞒事故隐患的，应根据不同情况进行查封或拆除。整改工作要采取"三定"工作方法，即定整改项目、定完成时间、定整改负责人，确保彻底解决问题。

（2）预先危险性分析法

预先危险性分析法（Preliminary Hazard Analysis，PHA）又称为初步危险分析。在开发新系统或改造原来系统时，在初步设计的过程中，就预计系统运行的各个时期和各个不同部位可能存在的危害，分析其发生的可能性和危险等级，并在此基础上，提出预防措施。该方法是建筑工程安全评价中，在进行某项工程活动（包括设计、施工、生产和维修等）之前，对建筑工程建设过程中存在的各种危险因素（类别、分布）、出现条件和事故可能造成的后果进行宏观、概略分析的工程安全分析方法。

预先危险分析方法主要用于对危险物质和装置的主要区域进行分析，包括设计、施工和生产前首先对系统中存在的危险性类别、出现条件、导致事故的后果进行分析。其目的是发现系统中的潜在危险，确定其危险等级，防止危险发展成事故。

预先危险性分析的主要目的是为了大体识别与系统有关的主要危险因素；鉴别产生危险的原因；预测事故发生对人员和系统的影响及发生事故的危险等级，并提出消除或控制危险性的对策措施。

预先危险性分析的分析步骤包括：

① 熟悉对象系统；

② 分析危险、危害因素和触发事件；

③ 推测导致的事故类型和危害程度；

④ 确定危险、危害因素后果的危险等级；

⑤ 制定相应安全措施。

（3）危险指数方法（Risk Rank，RR）

危险指数方法是通过评价人员对几种工艺现状及运行的固有属性（是以作业现场危险度、事故几率和事故严重度为基础，对不同作业现场的危险性进行鉴别）进行比较及计算，确定工艺危险特性重要性大小及是否需要进一步研究的安全评价方法。

危险指数评价可以运用在建筑工程项目的各个阶段（可行性研究、设计及施工等），可以在详细的设计方案完成之前运用，也可以在现有装置、设备危险分析计划制定之前运用。目前已有许多种危险指数方法得到广泛应用，如危险度评价法、道化学公司的火灾爆炸危险指数法、帝国化学工业公司（ICI）的蒙德法等。

（4）故障假设分析法（What…If，WI）

故障假设分析方法是一种对系统工艺过程或操作过程的创造性分析的方法。它一般要求评价人员用"What…If"作为开头对有关问题进行考虑，任何与工艺安全有关或与之不太相关的问题都可提出并加以讨论。通常将所有的问题都记录下来，然后分门别类进行讨论。所提出的问题要考虑到任何与装置有关的不正常的生产条件，而不仅仅是设备故障或工艺参数变化。

故障假设分析方法比较简单，评价结果一般以表格形式表示，主要内容有提出的问题、回答可能的后果、降低或消除危险性的安全措施。

（5）作业条件危险性评价法（LEC）

美国的 K·J·格雷厄姆（Keneth J. Graham）和 G·F·金尼（Gilbert F. Kinney）研究了人们在具有潜在危险环境中作业的危险性，提出了以所评价的环境与某些作为参考环境的对比为基础的作业条件危险性评价方法。将作业条件的危险性（D）作为因变量，事故或危险事件发生的可能性（L）、暴露于危险环境的频率（E）及危险严重程度（C）作为自变量，确定了它们之间的函数式。根据实际经验，他们给出了三个自变量的各种不同情况的分数值，采取对所评价的对象根据情况进行"打分"的办法，然后根据公式计算出其危险性分数值，再标注在按经验将危险性分数值划分的危险程度等级表或图上，查出其危险程度。

对于高处坠落事故（如脚手架安全）通常用作业条件危险性评价法或事故树法进行安全评价。而对于建筑火灾等事故通常用事件树法，事件树法也是建筑工程安全评价方法中的一种将在第三节中有详细介绍。

5.1.3 安全评价程序

建筑工程安全评价的程序主要包括：评价准备；危险、有害因素辨识与分析；定性、定量评价；提出安全对策措施；形成安全评价结论及建议；编制安全评价报告六个阶段。具体评价程序见图5-2。

1. 准备阶段

准备阶段主要以明确被评价对象和范围，收集与被评价对象和范围相关的国内外法律法规、技术标准及建筑工程的技术资料为主。

在建筑工程中，明确被评价对象和范围主要是了解建设项目的基本情况、项目规模。项目的基本情况包括项目地址、建设项目名称、设计单位、安全机构、施工及安装单位、项目性质、项目总投资额、产品方案、主要供需方及技术保密要求等。项目规模包括建设项目所在地址的自然条件、项目占地面积、建（构）筑面积、生产规模、单体布局、生产组织结构、主要原（材）料耗量、产品规模和物料的贮运等。

对与被评价对象相关的法律法规、技术标准的收集主要是对建设项目涉及的法律、法规、规章及规范性文件和项目涉及的国内外标准（国标、行标、地标、企业标准）、规范（建设及设计规范）的收集。我国的建筑安全法律法规主要有《建筑施工安全检查标准》（JGJ 59—99）、《施工企业安全生产评价标准》（JGJ/T 77—2003）、《建设工程安全生产管理条例》等。

建筑工程的技术资料的收集主要包括建设项目设计依据、项目综合性资料、项目施工

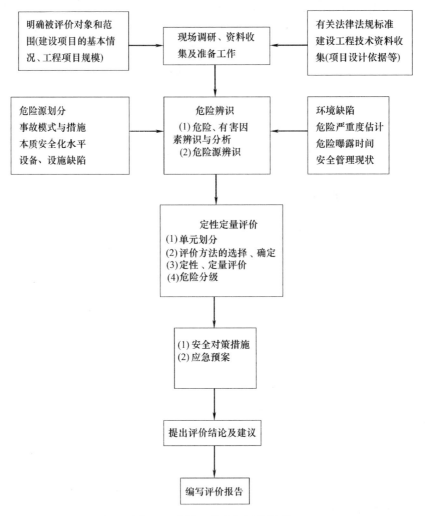

图 5-2 建筑工程安全评价程序

工艺、物料、建筑设备相关资料、安全机构设置及人员配置等。

2. 危险、有害因素辨识与分析阶段

这个阶段主要是根据被评价对象和范围的工程的情况，辨识与分析可能存在的危险、有害因素，确定危险和有害因素存在的部位、存在的方式、事故发生的途径及其变化的规律。

建筑施工工程安全生产危险因素辨识，依据包括项目设计图纸、施工组织设计文件、建设工程安全事故因素表等。主要应考虑以下因素：（1）职业健康安全法律、法规要求；（2）职业健康方针；（3）事故及事件记录；（4）审核结果；（5）来自员工和相关方面的信息；（6）来自职业健康安全评审活动的信息；（7）与组织相关的典型危害，类似组织发生的事故和事件信息；（8）组织的设施、产品的工艺过程和合同方面的信息；（9）三种时态（过去、现在、将来）和三种状态（正常、异常和紧急状态）及物理性、化学性、生物性、心理性、生理性和行为性等危害因素。

3. 定性定量评价阶段

这个阶段是在对被评价对象和范围中危险和有害因素辨识与分析的基础上，划分评价单元，选择适宜的评价方法，对建筑工程发生事故的可能性和严重程度进行定性、定量评价。建筑工程中危险因素评价中的主要的定性、定量评价方法在前文中已经有相关介绍，不再赘述。

由于实验结果和广泛事故统计资料不足，因此，建筑工程危险因素分析与评价通常采用专家调查方法进行。

4. 安全对策措施提出阶段

根据定性、定量评价的结果，提出消除或减弱危险源、有害因素及风险的技术和管理的对策措施及建议。选择控制措施时应当考虑：（1）如果可能，完全消除危险源或风险；（2）如果不可能，应努力降低风险。

按照危险源的评价等级，确定的安全控制措施有以下方面：

（1）对未列为重大危险源的生产因素，一般可由项目管理相关责任部门或人员，按现有的运行控制措施，加强管理。

（2）对列为重大危险源的生产因素，在完成危险评价后，企业应对每一个重大危险源制定出一套严格的安全管理制度，通过技术措施和组织措施对重大危险源进行严格控制和管理。制定相应的具体技术与管理控制措施和改善计划及相应的资金计划。一般可考虑采用如下控制措施：（1）制定目标、指标和专项技术管理方案；（2）制定管理程序、规章制度与安全操作规程；（4）组织针对性的培训与教育；（4）改进现有控制措施；（5）加强现场监督检查和检测；（6）制定应急预案。

重大危险源控制的具体措施众多，如建立建筑工地重大危险源台账和跟踪整改制度。重大危险源登记的主要内容应包括工程名称、危险源类别、地段部位、联系人、联系方式、重大危险源可能造成的危害、施工安全主要措施和应急预案。对人的不安全行为，要严禁"三违"，加强教育，搞好传、帮、带，加强现场巡视，严格检查处罚。淘汰落后的技术、施工工艺，适度提高建筑工程施工安全设施标准，从而提升施工安全技术与管理水平，降低施工安全风险。制定和实行施工现场大型施工机械安装、运行、拆卸和外架工程安装的检验检测、维护保养和验收制度。对不良自然环境条件中的危险源要制定有针对性的应急预案，并选定适当时机进行演练，做到人人心中有数，遇到情况不慌不乱，从容应对。制定和实施项目施工安全承诺和现场安全管理绩效考评制度，确保安全投入，形成施工安全长效机制。

5. 安全评价结论及建议阶段

在定性、定量评价结果和安全对策措施建议的基础上，得出被评价方主要危险、有害因素的评价结论，指出工程、系统中应重点防范的重大危险源，明确指出被评价方应重视的重要安全措施。

企业应在规定的期限内对评价的重大危险源向当地安全生产监督管理部门提交安全评价报告。如属新建的重大危险设施，则应在其投入运转之前提交安全预评价报告。安全评价报告应详细说明重大危险源的状况，其内容应包括危险设备、设施的情况，施工工艺过程，使用的危害物质的性质、数量，有关安全系统的情况，可能引发事故的危险因素及其前提条件，安全操作和预防失误的控制措施，可能发生的事故的类型，事故发生的可能性及后果，限制事故后果的措施，现场应急预案等。安全评价报告应根据重大危险源的变化进行修改和增补。

此外，重要安全措施在实施前应进行充分评审，评审的内容有：（1）是否能使安全风险降到可接受或可容许的水平；（2）是否会产生新的危险源；（3）是否已选定了投资效果最佳的控制措施，资金是否能够保证到位；（4）受影响的相关方是否接受此措施；（5）措施是否具有可操作性。

6. 安全评价报告编制阶段

依据安全评价的结果编制相应的安全评价报告。安全评价报告是安全评价工作过程形成的成果。安全评价报告的载体一般采用文本形式，为适应信息处理、交流和资料存档的需要，报告可采用多媒体电子载体。电子版本中能容纳大量评价现场的照片、录音、录像及文件扫描，可增强安全验收评价工作的可追溯性。

5.2　建筑工程安全评价分类

根据建筑工程生命周期和评价的目的，建筑安全评价分为安全预评价、安全验收评价、安全现状综合评价和专项安全评价。

5.2.1　安全预评价

1. 安全预评价的定义

《中华人民共和国安全生产法》第二十四条规定："生产经营单位新建、改建、扩建工程项目的安全设施，必须与主体工程同时设计、同时施工、同时投入生产和使用。"

安全预评价（Safety Assessment Prior to Start）是根据建设项目可行性报告的内容，分析和预测该建设项目可能存在的危险有害因素的种类和程度，提出合理可行的建筑安全施工技术和安全管理措施及建议所进行的安全评价。

安全预评价实际上就是在项目建设前应用安全评价的原理和方法对系统（工程、项目）的危险性、危害性进行预测性评价。主要评价建筑项目采取措施后的系统是否能满足国家规定的安全要求，从而得出项目应如何设计、管理才能达到安全指标要求的结论，为安全生产监督管理部门实施监察、管理提供依据。

2. 安全预评价目的和原则

安全预评价的目的是贯彻"安全第一，预防为主"方针，为建设项目初步设计提供科学依据，以利于提高建设工程本质安全程度。

安全预评价的基本原则是具备国家规定资质的安全评价机构科学、公正、合法地自主开展安全预评价。

3. 安全预评价内容和特点

（1）安全预评价的内容

安全预评价以拟建建设项目作为研究对象，根据相关的基础资料与建筑安全法规、标准等，辨识与分析建设项目设计、施工、运营、拆除等过程中可能存在的危险和有害因素，应用系统安全工程的原理和方法，对建筑工程的危险性和危害性进行定性、定量分析，确定工程的危险、有害因素及其危险、危害程度；针对主要危险、有害因素及其可能产生的危险、危害后果提出消除、预防和降低的对策措施；评价采取措施后的系统是否能满足规定的安全要求，从而得出建设项目应如何设计、管理才能达到安全指标要求的

144

结论。

安全评价的内容主要包括危险、有害因素识别、危险度评价和安全对策措施及建议。

（2）安全预评价特点

1）安全预评价的目的明确

安全预评价通过研究事故和危害为什么会发生、是怎样发生的和如何防止发生等问题，评价建筑工程依据设计方案建成后的安全性、设计方案是否能达到安全标准的要求及如何达到安全标准、安全保障体系的可靠性。

2）安全预评价的核心突出

安全预评价的核心是对建设工程生命周期内存在的危险、有害因素进行定性、定量分析，即针对特定的工程范围，对发生事故、危害的可能性及其危险、危害的严重程度进行评价。

3）安全预评价的内容明晰

安全预评价主要是用有关标准（安全评价标准）对工程进行衡量，分析、说明工程设计、施工、运营等期间的安全性。

4）安全预评价的最终目的清晰

安全预评价的最终目的是确定采取哪些优化的技术、管理措施，使各子系统及建设项目整体达到安全标准的要求。

4．安全预评价程序

安全预评价程序一般包括：准备阶段；危险有害因素识别与分析；确定安全评价单元；选择安全的评价方法；定性、定量评价；提出安全对策措施及建议；做出安全预评价结论；编制安全预评价报告，如图5-3。

（1）准备阶段

明确被评价的对象和范围，进行现场调查和收集国内外相关法律法规、技术标准及建设项目资料。在进行安全预评价前，建设单位应提供的主要相关资料有：

1）建设项目综合性资料。

① 建设单位概况；

② 建设项目概况；

③ 建设工程总平面图；

④ 建设项目与周边环境关系位置图；

⑤ 建设项目工艺流程及物料平衡图；

⑥ 气象条件。

2）建设项目设计依据。

① 建设项目立项批准文件；

② 建设项目设计依据的地质、水文资料；

③ 建设项目设计依据的其他有关安全资料。

3）建设项目设计文件。

① 建设项目可行性研究报告；

② 改建、扩建项目相关的其他设计文件。

4）安全设施、设备、工艺、物料资料。

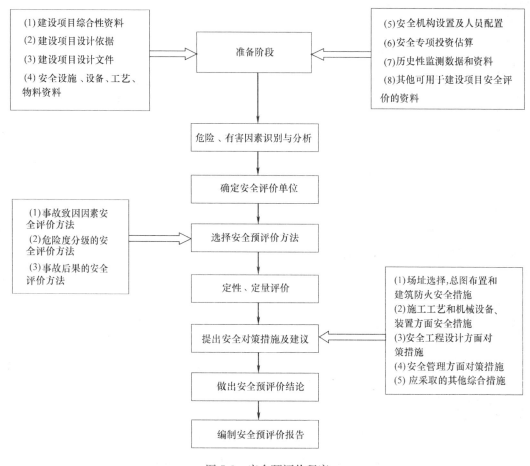

图 5-3　安全预评价程序

① 生产工艺中的工艺过程描述与说明；

② 生产工艺中的安全系统描述与说明；

③ 生产系统中主要设施、设备和工艺数据表；

④ 原料、半成品、产成品及其他物料资料。

5）安全机构设置及人员配置。

6）安全专项投资估算。

7）历史性监测数据和资料。

8）其他可用于建设项目安全评价的资料。

（2）危险、有害因素识别与分析阶段

根据建筑工程项目周边环境、建筑施工企业生产工艺流程或场所的特点，识别并分析建筑项目可能存在的潜在危险与有害因素，分析危险、有害因素发生作用的途径并预测其变化规律。通过变化规律找到解决方法，比如地质条件不好，含水量过高或勘测过程中发现有软弱下卧层，这些都是会导致施工中产生事故的有害因素。在进行危险、有害因素的分析时，为了全面高效的进行识别，防止出现漏项等一系列问题，可以按厂址、总平面布置、道路运输、建构筑物、施工工艺、物流、主要设备装置、作业环境管路等几个方面进行识别，通过这几个方面加以控制，保证预测的全面翔实。

（3）确定安全评价单元

在有害因素识别和分析的基础上，根据评价的需要，将建设项目分成若干个单元，建筑工程评价单元划分应综合考虑建筑工程所处的周边自然环境条件、施工企业生产操作条件、危险、有害因素分布及状况及便于实施评价等因素，主要以危险和有害因素的类别进行划分。可按以下内容划分：建设安全法律、法规等方面的符合性；建筑设施、设备、装置及施工工艺方面的安全性；建筑材料的安全性；公用工程、辅助设施配套性；周边环境适应性和应急救援有效性；人员管理和安全培训方面充分性等。

建筑工程划分评价单元的一般原则和方法是：按分部分项工程、建设设施设备相对空间位置、危险有害因素类别及事故范围划分评价单元，使评价单元相对独立，具有明显的特征界限。

（4）选择安全预评价方法

根据被评价对象的特点，选择科学、合理、适用的定性、定量评价方法。常用的建筑工程安全预评价方法有：

1）事故致因因素安全评价方法

主要包括专家现场询问、观察法；危险和可操作性研究；故障类型及影响分析；事故树分析；事件数分析；安全检查表法等。

2）危险度分级的安全评价方法

主要包括危险和操作性研究；故障类型及影响分析；事故树分析；逻辑树分析；安全度评价法；风险矩阵评价法；道化学公司火灾、爆炸危险指数评价法；蒙德火灾、爆炸、毒性指数评价法；"安全检查表—危险指数评价—系统安全分析"评价法；统计图表分析法等。

3）事故后果的安全评价方法

主要包括故障类型及影响分析；事故树分析；逻辑树分析；概率理论分析；马尔科夫模型分析；道化学公司火灾、爆炸危险指数评价法；蒙德火灾、爆炸、毒性指数评价法；日本劳动省六阶段评价法；前苏联化工过程危险性定量评价法；模糊矩阵法；成功可能性指数法；Safeti评价法；易燃、易爆、有毒重大危险源评价法；"安全检查表—危险指数评价—系统安全分析"评价法等。

（5）定性、定量评价

根据选择的评价方法，对危险、有害因素导致事故发生的可能性和严重程度进行定性、定量评价，并根据评价结果来确定事故可能发生的部位、频率与严重程度的等级及相关结果，为制定安全对策措施提供科学依据。

（6）提出安全对策措施及建议

根据定性、定量评价的分析结果，提出消除或减弱危险、有害因素的技术和管理措施及建议。

（7）做出安全预评价结论

评价结论也就是评价结果，既要简要列出主要危险、有害因素评价结果，指出建设项目应重点防范的重大危险、有害因素，明确应重视的重要安全对策措施，给出建设项目从安全生产角度是否符合国家有关法律、法规、技术标准的结论，以及危险、有害因素引发各类建筑安全事故的可能性及其严重程度的预测性结论，明确建设项目建成后能否安全运行的结论。

（8）编制安全预评价报告

安全预评价报告应当包括下述重点内容。

1）概述

① 安全预评价依据：有关安全预评价的法律、法规及技术标准，建设项目可行性研究报告等建设项目相关文件；安全预评价参考的其他资料；

② 建设单位简介；

③ 建设项目概况：建设项目选址、总图及平面布置、建筑规模、工艺流程、主要机械设备、主要建筑材料、项目建设程序、经济技术指标、公用工程及辅助设施等。

2）建筑安全生产工艺简介

3）安全预评价方法和评价单元

① 安全预评价方法简介；

② 评价单元确定。

4）定性、定量评价

① 定性、定量评价；

② 评价结果分析。

5）安全对策措施及建议

① 在可行性研究报告中提出的安全对策措施；

② 补充的安全对策措施及建议。

6）安全预评价结论

5. 安全预评价意义

根据《建筑工程劳动安全卫生预评价管理办法》的第四条规定：建设项目安全预评价工作应在工程可行性研究阶段进行，在建设项目初步设计会审前完成，并通过安全监督管理部门的审批。建筑工程安全预评价的意义包括：

（1）在工程投产前预测工程可能存在的风险以及风险产生的主要条件。

（2）对工程运用投产后的一些固有危险或有害因素进行定性定量的分析，预测安全等级。

（3）提出消除危险的方法和要采取的对策措施，为工程产生危险的下一步工作提出应对方案，实现工程本质的安全化。

（4）实现本质安全化生产、实现全过程安全控制。

（5）为安全部门实施监督、检查提供依据。

5.2.2 安全验收评价

根据《中华人民共和国安全生产法》第十六条的规定："生产经营单位应当具备本法和有关法律、行政法规和国家标准或者行业标准规定的安全生产条件；不具备安全生产条件的，不得从事生产经营活动。"从事生产经营活动的单位须通过安全验收方可投入生产。

1. 安全验收评价定义

安全验收评价又称"事后评价"，是在建设项目竣工验收之前、试生产运行正常之后，通过对建设项目的设施、设备、装置实际运行状况的检测、考察以及管理状况的安全评价，查找该建设项目投产后存在的危险、有害因素，确定其程度，并提出合理可行的安全对策措施及建议。

安全验收评价是运用系统安全工程原理和方法，在项目建成试生产正常运行后，在正式投产前进行的一种检查性安全评价。它通过对建筑工程存在的危险和有害因素进行定性和定量的评价，判断建设工程项目在安全上的符合性和配套安全设施的有效性，从而作出评价结论并提出补救或补偿措施，以促进项目实现系统安全。

安全验收评价是为安全验收进行的技术准备，最终形成的安全验收评价报告将作为建设单位向政府安全生产监督管理机构申请建设项目安全验收审批的依据。另外，通过安全验收，还可检查生产经营单位的安全生产保障，确认《安全生产法》的落实。

在安全验收评价中，要查看安全预评价在初步设计中的落实，建设工程项目初步设计中的各项安全措施落实的情况，施工过程中的安全监理记录，安全设施调试、运行和检测情况等，以及隐蔽工程等安全落实情况，同时落实各项安全管理制度措施等。

2. 安全验收评价的目的和原则

安全验收评价目的是贯彻"安全第一，预防为主"的方针，为建设项目安全验收提供科学依据，对未达到安全目标的系统或单元提出安全补偿及补救措施，以利于提高建设项目安全程度，满足安全生产要求。

安全验收评价的基本原则是具备国家规定资质的安全评价机构科学、公正和合法地自主开展安全验收评价。

3. 安全验收评价的内容

安全验收评价的内容有：

（1）检查建设项目中安全设施是否已与主体工程同时设计、同时施工、同时投入生产和使用；

（2）评价建设项目及与之配套的安全设施是否符合国家有关安全生产法律法规和技术标准；

（3）从整体上评价建设项目的运行状况和安全管理是否正常、安全、可靠。

此外，还应着重对以下方面进行检查和评价：

1）安全施工责任制的检查；

2）安全施工规章制度和操作规程的检查；

3）安全施工投入的有效实施检查；

4）安全施工工作督促检查和及时消除事故隐患机制的检查；

5）事故上报制度及事故应急救援预案的检查；

6）施工现场（包括建筑材料的贮运等）的检查；

7）安全施工管理机构设置及安全施工管理人员配备的检查；

8）对从业人员进行安全生产教育和培训的检查；

9）危险性较大的特种设备取证状况检查；

10）重大危险源登记建档，进行定期检测、评估、监控，并制定应急预案的检查等。

4. 安全验收评价程序

安全验收评价程序一般包括：前期准备、编制安全验收评价计划、安全验收评价现场检查、编制安全验收评价报告、安全验收评价报告评审，如图5-4。

（1）前期准备

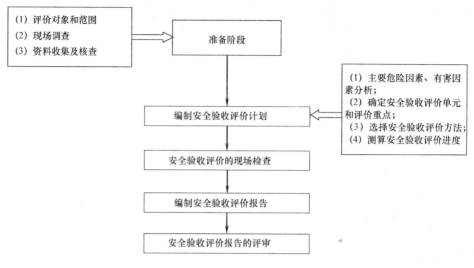

图 5-4　安全验收评价程序

前期准备包括：明确被评价对象和范围，进行现场调查，收集国内外相关法律、法规、技术标准及建设项目的资料（包括初步设计、变更设计、安全预评价报告及各级批复文件）等。

1）评价对象和范围

确定安全验收评价范围可界定评价责任范围，特别是改建、扩建及技术改造项目，与原建项目相连难以区别，这时可依据初步设计、投资或与企业协商划分，并写入工作合同。

2）现场调查

安全验收评价现场调查包括前置条件检查和工况调查两个部分。

① 前置条件检查

前置条件检查主要是考察建设项目是否具备申请安全验收评价的条件，其中最重要的是对"三同时"的实施进行检查，可通过核查"三同时"的实施过程来完成。其实施过程一般应包括：建设项目批准（批复）文件，安全预评价报告及评审意见，初步设计及审批表，安全生产监督管理部门对建设项目"三同时"审查的文件，试生产调试记录、安全自查报告（或记录）及试生产运行记录，"三同时"实施过程的其他证明文件。

② 工况调查

工况调查主要是了解建设项目的基本情况、项目规模，同时与企业建立联系并记录企业自述问题等。

a. 基本情况。包括企业全称、注册地址、项目地址、建设项目名称、设计单位、安全预评价机构、施工及安装单位、项目性质、项目总投资额、产品方案、主要供需方、技术保密要求等。

b. 项目规模。包括自然条件、项目占地面积、建（构）筑面积、生产规模、单体布局、生产组织结构、工艺流程、主要原（材）料耗量、产品规模、物料的贮运等。

c. 建立联系。包括向企业出示安全评价机构资质证书、介绍安全验收评价工作流程和工作程序、送达并解释资料清单的内容、说明需要企业配合的工作、确定通信方式等。

d. 企业自述问题。包括项目只进行了初步设计的单体、项目建成后与初步设计不一致的单体、施工中发生的变更、企业对试生产中已发现的安全及工艺问题是否提出了整改方案。

3) 资料收集及核查

在熟悉企业情况的基础上，对企业提供的文件资料进行详细核查，对项目资料缺项提出增补资料的要求，对未完成专项检测、检验或取证的单位提出补测或补证的要求，将各种资料汇总成图表形式。核查的资料根据项目实际情况决定，一般包括以下内容。

① 法规标准的收集

收集建设项目涉及的法律、法规、规章及规范性文件和项目涉及的国内外标准（国标、行标、地标、企业）、规范（建设及设计规范）。

② 安全管理及工程技术资料的收集

a. 项目基本资料。包括工艺流程、初步设计（变更设计）、安全预评价报告、各级批准（批复）文件。若实际施工与初步设计不一致则应提供"设计变更文件"或批准文件、项目平面布置简图、工艺流程简图、防爆区域划分图、项目配套安全设施投资表等。

b. 企业编写的资料。包括项目危险源布控图、应急救援预案及人员疏散图、安全管理机构及安全管理网络图、安全管理制度等。

c. 专项检测、检验或取证资料。包括建筑设备设施（起重机、电梯、脚手架等）取证资料汇总；高空坠落防护设施检测报告；模板施工前的安全技术准备工作检验报告；建筑火灾检测报警仪检定报告；建筑施工环境及劳动强度检测报告；施工交叉作业安全检定报告等。

（2）编制安全验收评价计划

在前期准备工作基础上，分析项目建成后主要危险、有害因素分布与控制情况，依据有关安全生产的法律、法规和技术标准，确定安全验收评价的重点和要求；依据项目实际情况选择验收评价方法，测算安全验收评价进度。

1) 主要危险因素、有害因素分析

其主要包括以下几个方面：

① 建筑项目所在地周边环境和自然条件的危险、有害因素分析；

② 建设项目边界内平面布局及物料路线等危险、有害因素分析；

③ 建筑施工条件、主要建筑设备设施（起重机、脚手架、模板、龙门架和井字架等）等施工过程中的危险、有害因素分析；

④ 建筑场地各种堆放物质、现场制作材料的危险、有害因素分析；

⑤ 辨识是否有重大危险源、是否有需要监控的危险物品。

2) 确定安全验收评价单元和评价重点

按安全系统工程的原理，考虑各方面的综合或联合作用，将安全验收评价总目标，从"人、机、料、法、环"的角度分解，即人力与管理单元、设备与设施单元、物料与材料单元、方法与施工工艺单元、施工现场环境与场所单元，见表5-3。

3) 选择安全验收评价方法

安全验收评价方法选择原则主要考虑评价结果是否能达到安全验收评价所要求的目的，还要考虑进行评价所需信息资料是否能收集齐全。可用于安全验收评价的方法很多，但就其实用性来说，目前安全验收评价经常选用以下方法：

评价单元划分及评价内容　　　　　　　　　　　　　　　表 5-3

序号	评价单元	主 要 内 容
1	人力与管理单元	安全管理体系、管理组织、管理制度、持证上岗、应急救援等
2	设备与设施单元	建筑安全生产设备、安全装置、辅助设施、特种设备、电气仪表、避雷设施、消防器材等
3	物料与材料单元	危险建筑材料、包装材料、贮存容器材质
4	方法与工艺单元	施工工序流程、作业方法、物料线路、贮存养护等
5	环境与场所单元	周边环境、建（构）筑物、生产场所、防爆工艺、作业条件、安全养护等

① 采用顺向追踪方法检查分析，运用"事故树分析"方法评价；

② 采用逆向追溯方法检查分析，运用"故障树分析"方法评价；

③ 采用已公布的行业安全评价方法评价；

④ 对于未达到安全预评价要求或建成系统与安全预评价的系统不相对应时，可补充其他评价方法评价。

4）测算安全验收评价进度

安全验收评价工作的进度安排，应考虑工作量和工作效率，对项目进行科学管理，必要时可用"甘特图"来控制进度。

（3）安全验收评价的现场检查

按照安全验收评价计划对安全生产条件与状况独立进行验收评价现场检查。

评价机构对现场检查及评价中发现的隐患或尚存在的问题，提出改进措施及建议。

（4）编制安全验收评价报告

根据安全验收评价计划和验收评价现场检查所获得的数据，对照相关法律法规、技术标准，编制安全验收评价报告。

（5）安全验收评价报告的评审

建设单位按规定将安全验收评价报告送专家评审组进行技术评审，并由专家评审组提出书面评审意见。评价机构根据专家评审组的评审意见，修改、完善安全验收评价报告。

5.2.3　安全现状综合评价

根据《中华人民共和国安全生产法》第二十九条的规定："生产经营单位必须对安全设备进行经常性维护、保养，并定期检测，保证正常运转。维护、保养、检测应当作好记录，并由有关人员签字。"生产经营单位应定期对生产设备的运行现状进行综合系统评价，特殊项目、设施应进行专项评价、分析。

安全现状综合评价简称安全现状评价，是针对某一个建筑工程施工单位总体或局部的施工活动安全现状进行的全面评价，是对在用的建筑施工装置、设备、设施、储存、运输及安全管理状况进行的全面性的综合安全评价。

通过安全现状评价确认在用的生产装置、设备或设施的安全状态是否可以接受，针对事故隐患，提出对应的建议措施；为企业事故隐患治理提供依据，为企业的安全投入与资金的使用提供参考。

1. 安全现状评价的定义

建筑工程安全现状评价是在建筑整个生命周期内的施工、运营期，通过对建筑施工单位的建筑设施、设备、装置实际运行状况及管理状况的调查、分析，运用安全系统工程方法，识别危险、有害因素及评价其危险度，查找该系统生产运行中存在的事故隐患并判定其危险程度，提出合理可行的安全对策措施及建议，使系统在生产运行期内的安全风险控制在安全、合理的程度内。

建筑工程安全现状评价是相关评价机构对建设中或者是进入生产阶段的建筑项目进行的安全评价，为建筑企业提供一个完整的安全工作程序文件，给建筑企业提供安全生产的指导依据。

2. 安全现状评价的目的

安全现状评价的目的是针对建筑企业（某一个建筑施工单位总体或局部的施工活动）安全现状进行的安全评价，通过评价查找其存在的危险、有害因素并确定危险程度，提出合理可行的安全对策措施及建议。

3. 安全现状评价的内容

建筑工程安全现状评价是根据国家有关建设法律、法规规定或者建筑企业的要求进行的，应对建设项目的设施、设备、流程、储存、运输及安全管理等方面进行全面、综合的安全评价。主要包括以下内容：

（1）全面收集评价所需的信息资料，采用合适的安全评价方法进行危险识别，给出量化的安全状态参数值。

（2）对于可能造成重大后果的事故隐患，采用相应的数学模型，进行事故模拟，预测极端情况下的影响范围，分析事故的最大损失，以及发生事故的概率。

（3）对发现的隐患，根据量化的安全状态参数值、整改的优先度进行排序。

（4）提出整改措施与建议。

建设施工单位应将安全现状评价的结果纳入施工单位事故隐患整改计划和安全管理制度，并按计划加以实施和检查。

4. 安全现状评价的程序

安全现状评价程序包括前期准备，危险、有害因素和事故隐患的识别，定性、定量评价，安全管理现状评价，确定安全对策措施及建议，评价结论，编制安全现状评价报告，具体程序见图 5-5。

（1）前期准备

明确评价的范围，收集所需的各种资料，重点收集与现实运行状况有关的各种资料与数据，包括工程设计、施工、机械设备管理、安全、职业危害、消防、技术检测等方面内容。评价机构依据生产经营单位提供的资料，按照确定的评价范围进行评价。

建筑安全现状评价所需主要资料清单有：

1）施工工艺

① 建设项目施工工艺规程、操作规程及其工艺流程图，工艺操作步骤或单元操作过程，包括从建筑原材料的存放、加料的准备至施工工艺完成的整个过程操作说明；

② 工艺变更说明书。

2）物料

① 主要物料及其用量；

② 基本控制原料说明；

③ 建筑材料、半成品、产品、副产品和废物的安全、卫生及环保数据；

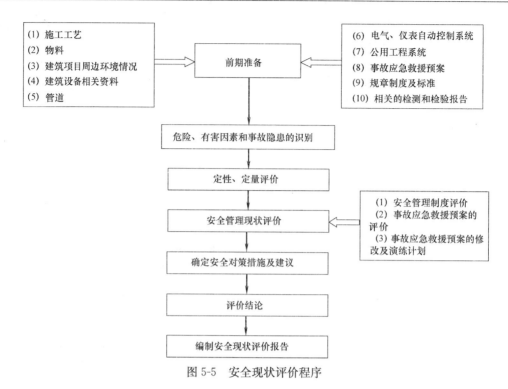

图 5-5　安全现状评价程序

④ 规定的极限值和（或）允许的极限值。

3）建筑施工项目周边环境情况

① 区域图和厂区平面布置图；

② 气象数据、人口分布数据、场地水文地质等资料。

4）建筑设备相关资料

① 建筑和设备平立面布置图；

② 设备明细表；

③ 设备材质说明、大机组监控系统、设备厂家提供的图纸。

5）管道

① 管道说明书、配管图；

② 管道检测相关数据报告。

6）电气、仪表自动控制系统

① 生产单元的电力分级图、电力分布图；

② 仪表布置及逻辑图、控制及报警系统说明书、计算机控制系统软硬件设计、仪表明细表。

7）公用工程系统

① 公用设施说明书；

② 消防布置图及消防设施配备和设计应急能力说明；

③ 系统可靠性设计、通风可靠性设计、安全系统设计资料；

④ 通信系统资料。

8）事故应急救援预案

① 事故应急救援预案；

② 事故应急救援预案演练计划。

9）规章制度及标准

① 内部规章、制度、检查表和企业标准；

② 有关行业安全生产经验；

③ 维修操作规程；

④ 已有的安全研究、事故统计和事故报告。

10）相关的检测和检验报告

（2）危险、有害因素和事故隐患的识别

对评价对象的生产运行情况及工艺、设备的特点，采用科学、合理的评价方法，进行危险、有害因素识别和危险性分析，确定主要危险部位、物料的主要危险特性、有无重大危险源以及可以导致重大事故的缺陷和隐患。

（3）定性、定量评价

根据建筑施工单位的特点，确定评价的模式及采用的评价方法。安全现状评价在建设项目生命周期内的生产运行阶段，应尽可能地采用定量化的安全评价方法，通常采用"预先危险性分析—安全检查表检查—危险指数评价—重大事故分析与风险评价—有害因素现状评价"依次渐进、定性与定量相结合的综合性评价模式，科学、全面、系统地进行分析评价。

通过定性、定量安全评价，重点对施工工艺流程、建筑机械及设备、现场布置、总图、高处作业、拆除工程、焊接工程等内容，运用选定的分析方法对存在的危险、有害因素和事故隐患逐一分析，通过危险度与危险指数量化分析与评价计算，确定事故隐患部位、预测发生事故的严重后果，同时进行风险排序，结合现场调查结果以及同类事故案例分析其发生的原因和概率，运用相应的数学模型进行重大事故模拟，模拟发生灾害性事故时的破坏程度和严重后果，为制定相应的事故隐患整改计划、安全管理制度和事故应急救援预案提供数据。

安全现状评价通常采用的定性评价方法有：预先危险性分析；安全检查表；故障类型和影响分析；故障假设分析；故障树分析；危险与可操作性研究；风险矩阵法等。定量安全评价方法有：道化学公司火灾、爆炸危险指数评价法；故障树分析；事件树分析；QRA定量评价；安全一体化水平评价方法；事故后果灾害评价等。

（4）安全管理现状评价

安全管理现状评价的内容有：

1）安全管理制度评价；

2）事故应急救援预案的评价；

3）事故应急救援预案的修改及演练计划。

（5）确定安全对策措施及建议

根据综合评价结果，提出相应的安全对策措施及建议，并按照安全风险程度的高低进行方案的排序，列出存在的事故隐患及整改紧迫程度，针对事故隐患提出改进措施及改善安全状态水平的建议。

（6）评价结论

根据评价结果明确指出建筑施工单位当前的安全状态水平，提出安全可接受程度的意见。

（7）编制安全现状评价报告

建筑施工单位应当依据安全评价报告编制事故隐患整改方案和实施计划，完成安全评价报告。建筑施工单位与安全评价机构对安全评价报告的结论存在分歧的，应当将双方的意见连同安全评价报告一并报安全生产监督管理部门。

5. 安全现状评价报告

（1）安全现状评价报告的主要内容

安全现状评价报告，建议参照如下所示的主要内容，不同行业在评价内容上有不同的侧重点，可根据实际需要进行部分调整或补充。

1）前言。包括项目单位简介、评价项目的委托方及评价要求和评价目的。

2）目录。

3）评价项目概述。应包括评价项目概况、地理位置及自然条件、工艺过程、生产运行现状、项目委托约定的评价范围、评价依据（包括法规、标准、规范及项目的有关文件）。

4）评价程序和评价方法。说明针对主要危险、有害因素和生产特点选用的评价程序和评价方法。

5）危险、有害因素分析。根据危险、有害因素分析的结果和确定的评价单元、评价要素，参照有关资料和数据，用选定的评价方法进行定量分析。

6）定性、定量化评价及计算。通过分析，对上述建筑工程设计、施工、运营、拆迁等过程中所涉及的内容进行危险、有害因素识别后，运用定性、定量的安全评价方法进行评价，确定危险程度和危险级别以及发生事故的可能性和严重后果，为提出安全对策措施提供依据。

7）事故原因分析与重大事故的模拟。结合现场调查结果，以及同行或同类生产事故案例分析、统计其发生的原因和概率，运用相应的数学模型进行重大事故模拟。

8）对策措施与建议。综合评价结果，提出相应的对策措施与建议，并按照风险程度的高低进行解决方案的排序。

9）评价结论。明确指出项目安全状态水平，并简要说明。

（2）安全现状评价报告的要求

安全现状评价报告的内容要详尽、具体，特别是对危险、有害因素的分析要准确，提出的事故隐患整改计划要科学、合理、可行和有效。

安全现状评价报告应内容全面、重点突出、条理清楚、数据完整、取值合理、评价结论客观公正。

（3）安全现状评价报告附件

安全现状评价报告附件包括以下几个方面：

1）数据表格、平面图、流程图、控制图等安全评价过程中制作的图表文件；

2）评价方法的确定过程和评价方法介绍；

3）评价过程中的专家意见；

4）评价机构和建筑工程单位交换意见汇总表及反馈结果。

5）建设项目单位提供的原始数据资料目录、建设工程单位证明材料；

6）法定的检测检验报告。

（4）安全现状评价报告载体

安全现状评价报告一般采用纸质载体。为适用信息处理需求，安全现状评价报告可辅助采用电子载体形式。

5.2.4 安全专项评价

安全专项评价是根据政府有关管理部门的要求进行的对专项安全问题进行的专题安全分析评价，如危险化学品专项安全评价、非煤矿山专项安全评价等。

建筑工程安全专项评价一般是针对某一项建设活动或施工场所，如一个特定的建筑项目、施工过程、施工工艺流程或设备装置等，存在的危险、有害因素进行的安全评价，目的是查找其存在的危险、有害因素，确定其程度，提出合理可行的安全对策措施及建议。

专项安全评价是安全现状评价的一个特例，其评价方法、程序及报告与安全现状评价基本相同，这里不再赘述。

5.3 建筑工程安全生产危险性评价

建筑工程安全生产危险性评价包括识别建筑工程项目中的潜在危险因素，对工程项目中存在的危险因素进行分析、评价，确定工程项目中的主要危险因素，制定危险因素的防范措施，对项目危险因素进行登记、管理。

5.3.1 建筑工程安全生产危险因素识别

危险源是指可能导致死亡、伤害、职业病、财产损失、工作环境破坏或上述情况组合形成的根源和状态。危险源不同于隐患，隐患是在一定程度上已经显现出来，如不及时采取措施就会引发的不安全因素，而危险源是潜在的、暂时还没有暴露出来的、应当预料到的，要预先采取控制措施加以预防的不安全因素。

危险源辨识是系统地确定企业活动、设施及所有材料等存在的危险及危险可能产生的危险源过程，通过了解组织的活动和设施等存在着的危险源及其可能导致的安全事故，对照法规要求、行业标准及公司的健康、安全与环境的要求，确定安全事故和危险源是否已经得到了有效的控制，是否已经满足评判准则的要求，是否达到了符合实际或尽可能地符合的程度。

建筑工程建设中危险、有害因素的系统发掘是工程项目危险辨识的重点和主要工作内容，目的在于全面掌握各种事故发生模式，本质安全化水平，设备、设施、施工工艺缺陷，作业环境缺陷及危险暴露程度等。本节主要从建筑工程危险识别的对象、危险因素的分类和危险因素辨识的主要方法方面对建筑工程安全生产危险因素识别进行阐述。

1. 建筑工程危险识别的主要对象

建筑工程危险识别的主要对象见表 5-4。

2. 建筑工程项目危险因素分类

建筑工程项目危险源，是指建筑工程生产活动中可能导致的人员伤亡、财产及物质损坏和环境破坏等现象出现的不安全因素。其中，工程施工管理人员和作业人员的不安全意识、行为；工程施工材料、机械及辅助工具的不安全状态；工程所在地环境、气候、季节以及地质条件等不利影响都属于建筑工程危险源的范畴。

建筑工程危险识别的主要对象　　　　　　　　　　表 5-4

识别对象	内　　　　容
工作环境	周围环境、工程地质、地形条件、抢险救灾、支持条件等
平面布局	功能分区(生产区、管理区、辅助生产区、生活区);产生高温、有害物质、噪声、辐射设施布置,易燃、易爆、危险品设施布置;建筑物、构筑物布置,风向、安全距离、卫生防护距离等
运输线路	施工便道,各施工作业区、作业面、作业点的贯通道路以及与外界联系的交通路线
施工工序	物资特性(毒性、腐蚀性、燃爆性)、温度、压力、速度、作业及控制条件、事故及失控状态
施工机具、设备及其工况	高温、低温、耐腐蚀、高压、振动等关键部位的设备;控制、操作、检修和故障、失误时的紧急异常情况,机械设备的运动部件和工件、操作条件、检修作业、误运转和误操作,电器设备的断电、触电、火灾、爆炸、静电和雷电
危险性较大设备和高空作业设备	提升、起重设备等
特殊装置、设备	锅炉房、危险品库房等
有害作业部位	粉尘、毒物、噪声、振动、辐射、高温、低温
各种设施	管理设施(指挥机关等)、事故应急抢救设施(医院、卫生所等)、辅助生产、生活设施

(1) 按照危险源在事故形成中的作用分类

在建筑工程生产领域,危险源是以各种各样的形式存在的,根据危险源对安全事故发生过程中产生的作用,可以把危险源分为两大类。

1) 第一类危险源

建筑工程安全生产中存在的可能导致事故的能量或危险物质,并且其本身具有做功或干扰人新陈代谢的本领的被称为第一类危险源。其中包括机械能、电能、势能等产生的危险,这些能量由于意外失控、会转化为破坏能量从而造成的损害。第一类危险源在工程建设项目中主要有以下几种形式出现:

① 提供建筑工程生产活动能量的装置、设备,正常情况下能量被控制而处于安全状态,一旦失控时发生能量不恰当转移,其结果可能导致大量能量的意外释放,例如临时电缆、空气压缩设备等;

② 使人体或物体具有较高势能的装置、设备、场所,例如高空作业环境、塔吊;

③ 拥有能量的人、物或场所,例如各类机械设备、挖开的基坑;

④ 有化学能的危险物质,分为可燃烧爆炸危险物质和有毒、有害危险物质两类。

导致第一类危险源发生的危险物质主要包括:爆炸性物品、有毒性物品、放射性物品等。如表 5-5 所示为建筑工程中可能导致伤害发生的第一类危险源。

建筑工程第一类危险源分类表　　　　　　　　　表 5-5

事故类型	危险状态的产生	危险源(物)
物体打击	产生物体落下、飞出的设备、场所、操作	落下、抛出的物体
高处坠落	高差较大的场所,人员借以升降的设施	作业人员
坍塌	建筑物、基坑边坡、脚手架	边坡土体
触电身亡	带电装置	带电体
机械伤害	机械驱动装置	机械运动部分

续表

事故类型	危险状态的产生	危险源（物）
起重伤害	起重设备、龙门架	被起吊重物
火灾	可燃物	火焰、烟气
爆炸	炸药、危险物品	炸药
中毒窒息	产生、存储有毒有害物质的容器、场所	有毒有害物质

2）第二类危险源

造成约束、限制能量措施失效或破坏的各种不安全因素被称为第二类危险源，是围绕第一类危险源随机发生的现象。在建筑工程生产活动过程中，能量或危险物质受到约束和限制不会发生意外释放，即不会发生事故。但是，一旦这些措施受到破坏，安全事故就会发生。第二类危险源主要包括人的因素（见图 5-6）、物的因素（见图 5-7）和环境因素，具体内容第一章已讲解。

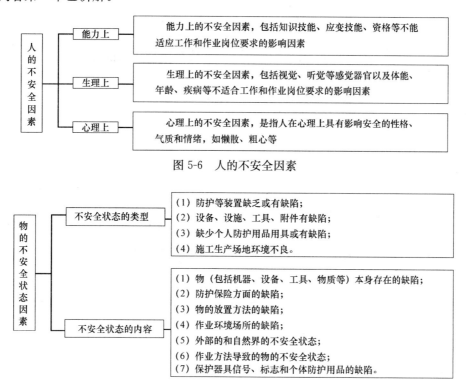

图 5-6 人的不安全因素

图 5-7 物的不安全状态因素

安全事故的发生和发展是以上两类危险源共同作用的结果，其中第一类危险源是事故发生的主体，决定了事故的严重程度；第二类危险源决定了事故发生的可能性大小。第一类危险源是安全事故发生的前提，第二类危险源的出现是第一类危险源导致事件的必要条件。所以，在预防事故的发生过程中，应首先避免第一类危险源的出现，从源头遏制其出现，然后再通过安全保护措施对第二类危险源进行防范。

（2）按照危险源发生的场所分类

根据建筑工程生产过程中危险源存在的场所不同可分为作业区域危险源与临建设施危险源。

1）作业区域危险源

建筑工程生产过程中，施工作业区域是安全事故发生的最主要的场所。作业区域危险源见图5-8。

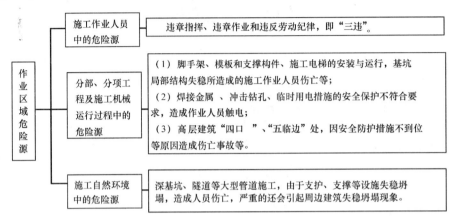

图5-8　作业区域危险源

2）临建设施危险源

临建设施属于施工附属建筑物，具有临时性和简易性特点。由于搭建时对其安全性的重视不够，也可能具有安全隐患。

① 临时简易工人宿舍的建设是否符合安全要求；

② 临建设施拆除时房顶发生整体坍塌，作业人员可能会踏空造成伤亡意外。

3. 建筑工程危险源辨识的主要方法

建筑工程危险源辨识有许多种方法，如现场调查、工作任务分析、安全检查表、危险与可操作性研究、事件树分析及故障树分析等，项目管理人员主要采用现场调查的方法，见表5-6。

建筑工程危险源识别的主要方法　　　　　　　　　　　　　　　　表5-6

危险源辨识方法	内　　容
现场调查法	通过询问交谈、现场考察、查阅有关记录,获取外部信息,加以分析研究,可识别有关的危险源
工作任务分析	通过分析施工现场人员工作任务中所涉及的危害,可识别出有关危险源
安全检查表	运用编制好的安全检查表,对施工现场和工作人员进行系统的安全检查,可识别出存在的危险源
危险与可操作性研究	对施工工艺过程中的危险源实行严格审查和控制的技术,通过指导语句和标准格式寻找工艺偏差,以识别系统存在的危险源,并确定控制危险源风险的对策
事件树分析(ETA)	事件树分析是从初始事件起,分析各环节事件"成功(正常)"或"失败(实效)"的发展变化过程,并预测各种可能结果的方法
故障树分析(FTA)	故障树分析是根据系统可能发生的或已经发生的事故结果,去寻找与事故发生有关的原因、条件和规律

上述几种危险源识别方法在识别途径上有所不同，因而在识别结果方面也存在差异，

每种方法都有各自的适用范围，存在一定的局限性。因此，项目管理人员在识别危险源的过程中，采用一种方法不足以全面地识别存在的危险源，必须综合地运用两种或两种以上方法。

5.3.2 建筑工程危险因素评价

危险因素评价是建筑工程项目危险源控制的重要内容，是运用定量或定性的方法，对已识别的危险源进行分析，评估其风险大小以确定风险是否可容许，从中筛选出建筑企业优先控制的重大危险源的过程。

建筑工程危险因素评价常用在以下几种情况：

（1）较复杂的深基础和较高的建筑物、构筑物的施工，制定施工方案过程中，确定安全防护系统，应进行技术论证，对建筑工程内安全设施的功能、费用、安全性进行评价。

（2）设计重要安全设施时，应进行危险因素评价。

（3）重大工程项目的施工组织和管理，采用危险因素评价的方法，进行全面协调，促进不同施工阶段、施工过程的相互配合，安全作业并保证其工期。

（4）建筑工程施工过程中复杂的立体交叉的空间作业、吊装作业，运用危险因素评价方法指导处理好各种关系。

危险大小常用危害性事件的发生频率和后果严重度来表示。危险评价分为定性评价和定量评价两种。具体包括专家评价法、作业条件危险性法、安全检查表法、预先危险分析法等。本节重点介绍建筑工程危险因素评价中常用的预先危险分析法、作业条件危险性评价法（LEC）、事故树法和事件树法。

1. 预先危险分析方法和应用

预先危险分析法是一项识别工程安全危害的初步或初始工作，在设计、施工和运营之前，对工程中存在的危险性类别、出现条件、导致事故的后果进行宏观概略的分析和预评价，这种方法又称为初步危险分析，或预备事故分析。其目的是识别工程中的潜在危险，确定危险等级，防止危险发展成事故。分析工作在工程施工开始前实施，可避免由于考虑不周而造成的损失。

（1）预先危险分析程序

预先危险分析包括准备、审查和结果汇总三个阶段。

1）准备阶段

对建筑工程进行分析前，要收集有关资料和其他类似工程以及使用机械、设备、物资材料的工程资料。由于预先危险分析是在工程开始的初期进行的，而获得的有关分析工程的资料是有限的，因此在实际工作中需要借鉴类似的经验来弥补分析工程系统资料的不足。通常采用类似工程、类似设备的安全检查表作参考。

准备阶段的主要内容有：

① 根据经验，分析出现事故的可能类型；

② 运用安全检查法、经验方法和技术判断的方法，确定危险源，调查危险因素存在于哪个子系统中；

③ 在工程开始初期，尽可能多地收集有关工程的资料。

2）审查阶段

通过对工程方案设计、主要施工工程和设备的安全审查，辨识其中主要的危险因素，包括审查设计规范和采取的消除、控制危险源的措施。

审查阶段要审查的主要内容有：

① 危险设备、场所、物质；

② 有关安全设备、物资间的交接面，如物资的相互反应、火灾、爆炸的发生及传播等；

③ 对设备、物资有影响的环境因素，如地震、洪水，高（低）温、潮湿、振动等；

④ 运行、试验、维修、应急程序，如人员失误后果的严重性、设备布置及通道情况等；

⑤ 辅助设施，如物资、产品储存、试验设备、人员训练、动力供应等；

⑥ 有关安全设备，如安全防护设施、冗余系统及设备、灭火系统、个人防护设备等。

根据审查结果，确定工程中的主要危险因素，研究其产生原因和可能发生的事故。根据事故原因的重要性和事故后果的严重度，确定危险因素的危险等级。

危险等级主要分为 4 个等级：

Ⅰ级：安全的，暂时不能发生事故，可以忽略；

Ⅱ级：临界的，有导致事故的可能性，事故处于临界状态，可能造成人员伤亡和财产损失，应该采取措施予以控制；

Ⅲ级：危险的，可能导致事故发生，造成人员严重伤亡或财产巨大损失，必须采取措施进行控制；

Ⅳ级：灾难的，会导致事故发生，造成人员严重伤亡或财产巨大损失，必须立即设法消除。

针对识别出的主要危险因素，通过修改设计、加强安全措施来消除或予以控制，从而达到工程安全的目的。

3）结果汇总阶段

按照检查表格汇总分析结果。典型的结果汇总表包括主要事故及其产生原因、可能的后果、危险性级别以及应采取的相应措施等。

（2）应用实例

某钢铁厂针对高炉拆装工程进行危险性预先分析，分析结果汇总见表 5-7。表 5-8 为事故发生可能性分级。

高炉拆装工程危险性预先分析（部分） 表 5-7

施工阶段	危　害	发生可能性	危害严重度	预 防 措 施
拆除阶段	1. 人员高处坠落 2. 高处脱落构件击伤人员 3. 爆破拆除基础伤人	D B C	Ⅱ Ⅱ～Ⅲ Ⅱ	1. 设安全网,加强个体防护 2. 划出危险区域并设立明显标志 3. 正确布孔、合理装药、定时爆破,设爆破信号及警戒
土建阶段	1. 塌方 2. 脚手架火灾	A D	Ⅱ～Ⅲ Ⅱ	1. 阶段性放坡,监控裂痕 2. 严禁明火
安装阶段	1. 高处坠落 2. 溶物伤人 3. 排栅倒塌 4. 排栅火灾 5. 电焊把线漏电 6. 乙炔发生器爆炸 7. 吊物坠落	D B B D B C B	Ⅱ Ⅱ～Ⅲ Ⅱ～Ⅲ Ⅱ～Ⅲ Ⅱ Ⅱ Ⅱ	1. 设安全网,加强个体防护 2. 材料妥善存放,严禁向下抛掷 3. 定期检查、修理 4. 注意防火 5. 集中存放电焊机,焊把线架空 6. 安装安全装置,定期检查,严格控制引火源 7. 定期检修设备及器械

事故发生可能性分级　　　　　　　　　　表 5-8

级别	发生可能性	级别	发生可能性	级别	发生可能性
A	经常发生	C	偶尔发生	E	不易发生
B	容易发生	D	很少发生	F	极难发生

2. 作业条件危险性评价法（LEC）和应用

建筑工程危险因素分析评价，由于实验结果和广泛事故统计资料不足，因此通常采用专家调查方法进行。采用德尔菲法或头脑风暴法评估危险因素发生的可能性 L 与发生后果的严重度 C，如表 5-9 所示。用下式计算因素或项目的危险性等级 D，称为 LC 方法。

$$D = L \times C \tag{5-1}$$

其中，若 D 分值在 5 分以下为危险性小；D 分值在 5～10 分之间为中等危险；D 分值在 10～15 分为较危险；D 分值在 15～20 分为危险；D 分值在 20～25 分为特别危险。

采用打分方法评估危险性等级　　　　　　　表 5-9

	轻度（1分）	中等严重 （2分）	严重（3分）	惨重（5分）
极小可能发生（1分）	1	2	3	5
可能发生（2分）	2	4	6	10
有时发生（3分）	3	6	9	15
经常发生（5分）	5	10	15	25

当考虑人们暴露于危险环境的频度时，采用 K·J·格雷厄姆提出的作业条件（环境）危险性评价的 LEC 方法，公式如下：

$$D = L \times E \times C \tag{5-2}$$

式中　　D——作业条件（环境）的危险性；

　　　　L——发生事故的可能性大小；

　　　　E——暴露于危险环境的频率；

　　　　C——发生事故或危险事件的可能结果。

（1）发生事故或危险事件的可能性（L）

事故或危险事件发生的可能性与其实际发生的概率相关。若用概率来表示，绝对不可能发生的概率为 0；而必然发生的事件，其概率为 1。但在考察一个系统的危险性时，绝对不可能发生事故是不确切的，即概率为 0 的情况不确切。所以，将实际上不可能发生的情况作为"打分"的参考点，定其分数值为 0.1；将完全出乎意料、极少可能发生的情况规定为 1；能预料将来某个时间会发生事故的值定为 10；中间插值。从而形成表 5-10 所示的事故或危险事件发生可能性分值表。

事故发生的可能性取值　　　　　　　　　　表 5-10

事故发生的可能性 L	分数值	事故发生的可能性 L	分数值
完全可以预料	10	很不可能，可以设想	0.5
相当可能	6	极不可能	0.2
可能但不经常	3	实际不可能	0.1
可能性小，完全意外	1		

（2）人员暴露于危险环境中的频繁程度（E）

作业人员暴露危险作业条件的次数越多、时间越长，则受到伤害的可能性也就越大。K·J·格雷厄姆和 G·F·金尼同样将人员暴露于危险环境中的频繁程度取定为如表 5-11 的值。

暴露于危险环境的频繁程度取值　　　　表 5-11

暴露于危险环境的频繁程度 E	分数值	暴露于危险环境的频繁程度 E	分数值
连续暴露	10	每月暴露一次	2
每天工作时间内暴露	6	每年几次暴露	1
每周一次，或偶然暴露	3	非常罕见暴露	0.5

（3）事故后果的严重程度（C）

事故造成的人身伤亡或物质损失可在很大范围内变化。因此，K·J·格雷厄姆和 G·F·金尼将需要救护的轻微伤害的可能结果值规定为 1，以此为基准点；将造成许多人死亡的可能结果规定为 100，作为另一个参考点。在两个参考点 1～100 之间，插入相应的中间值，列出事故后果的严重程度，见表 5-12，表 5-13。

发生事故产生的后果取值之一　　　　表 5-12

发生事故产生的后果 C	分数值	发生事故产生的后果 C	分数值
大灾难，许多人死亡	100	严重，重伤	7
灾难，数人死亡	40	重大，致残	3
非常严重，一人死亡	15	引人注目，需要救护	1

发生事故产生的后果取值之二　　　　表 5-13

事故后果		分数值
经济损失（万元）	伤亡人数	
≥1000	死亡 10 人以上	100
(500,1000)	死亡［3,10］	40
(100,500)	死亡 1 人	15
(50,100)	多人中毒或重伤	7
(10,50)	至少 1 人伤残	3
(1,10)	轻伤	1

（4）危险性（D）

根据具有潜在危险性的作业条件的分值，按公式（5-2）进行计算，即可得危险性分值，并按表 5-14 的标准评定出危险性大小等级。

作业条件（环境）的危险性评价　　　　表 5-14

D 值	危险程度	D 值	危险程度
>320	极其危险，不能继续作业	70～160	显著危险，需要整改
160～320	高度危险，要立即整改	20～70	一般危险，需要注意

（5）实际应用

建筑企业中的"四害"即高处坠落、触电、物体打击、机械伤害，占了事故发生原因的绝大多数，而其中最大的危害——高处坠落占总事故原因的半数以上。以建筑工程项目高空作业的脚手架为例，运用 LEC 法进行安全评价。

某建筑工程项目施工过程中要搭设外脚手架，选取外脚手架在工作环境不良的情况下评价其危险度，确定每种因素的分数值。分析过程如下：

1）事故发生的可能性（L）

外脚手架在搭设过程中，工作不良的环境包括以下三种情况：①外架底部没有排水沟；②大风大雨搭设外架；③搭设或拆除外架时，有人在外架下通行。第一种情况因为在搭设脚手架时都会考虑设排水沟，但不能过于绝对，如排水沟过浅被施工时的建筑垃圾堵塞，因此具有一定的潜在危险，属"很不可能，可以设想"，其分数值 $L_2=0.5$；第二种情况，在施工过程中是会经常遇到的，尤其在赶工期间，很有可能在大风大雨天气时搭设外架，属"相当可能"，其分数值 $L_2=6$；第三种情况，在脚手架搭设过程中，属于"可能但不经常"，其分数值 $L_3=3$。

2）暴露于危险环境的频繁程度（E）

工作人员每天都在第一种环境中工作，取 $C_1=6$；一年中在大风大雨中搭设脚手架的情况还是比较少的，取 $C_2=0.5$；第三种情况工作人员曝露在危险的频繁程度也属于非常罕见的，取 $C_3=0.5$。

3）发生事故产生的后果（C）

第一种情况如果发生脚手架坍塌事故，后果将是非常严重的，可能造成数人的伤亡，取 $D_1=40$；第二种和第三种情况下发生事故，可能会引发人员伤亡，取 $D_2=15$，$D_3=15$。

4）危险性分值（D）

$$D_1=0.5\times6\times40=120$$

120 处于 70～160 之间，危险等级属"高度危险、需立即整改"的范畴。应按照 JGJ 130—2000 标准的要求及《落地式双排脚手架》标准，增设排水沟。

$$D_2=6\times0.5\times15=45$$

45 处于 20～70 之间，危险等级属"一般危险、需要注意"的范畴。因此在遇到大风、大雨天应注意停止高空作业。

$$D_3=3\times0.5\times15=22.5$$

22.5 处于 20～70 之间，危险等级属"一般危险、需要注意"的范畴。在搭设或拆除外架时，项目部应派专人进行监护，设警戒区，挂设警戒标志并加强现场的管理。

3. 事故树分析法

事故树分析（Fault Tree Analysis）是安全系统工程的重要分析方法。其理论较完善，方法较科学，使用上较广泛。这种方法由美国贝尔电话公司在进行民兵式导弹发射控制系统安全分析时首先提出，并在世界各国得到广泛应用。

（1）事故树分析程序

1）确定顶上事件。

顶上事件是不希望发生的事件（即事故或故障），它们是分析的对象。顶上事件的确定是以事故调查为基础的。事故调查的目的主要是查清事实，因为原因是基于事实而导出的。通过事故统计，在众多的事故中筛分出主要分析对象及其发生概率。

2）充分了解系统。

分析对象（事故）的存在条件，要对系统中的人、物、环境及管理四大组成因素进行详细的了解。

3）调查事故原因。

从系统中的人、物、环境及管理缺陷中，寻找构成事故的原因。在构成事故的各种因素中。既要重视有因果关系的因素，也要重视相关关系的因素。

4）确定控制目标。

依据事故统计所得出的事故发生概率及事故的严重程度，确定控制事故发生的概率目标值。

5）建造事故树。

在认真分析顶上事件、中间关联事件及基本事件关系的基础上，按照演绎推理分析的方法，逐级追究原因，将各种事件用逻辑符号予以连接，构成完整的事故树。

6）定性分析。

依据事故树列出的逻辑表达式，求得构成事故树的最小割集和防止事故发生的最小径集，确定各基本事件的结构重要度排序。

7）定量分析。

依据各基本事件的发生概率，求得顶上事件的发生概率。在求出顶上事件的发生概率的基础上，求解各基本事件的概率重要度及临界重要度。

8）制定安全对策。

依据上述分析结果及安全投入的可能，寻求降低事故概率的最佳方案，以便达到预定概率目标的要求。

（2）事故树的构成

事故树是由各种事件符号和逻辑门组成的。

1）事件符号。事件符号主要由矩形符号、圆形符号、屋形符号、菱形符号和椭圆形符号组成，如图 5-9 所示。

矩形符号　　　　圆形符号　　　　屋形符号　　　　菱形符号　　　　椭圆形符号

图 5-9　事件符号

矩形符号表示顶上事件或中间事件，即还需要往下分析的事件。具体作树形图时将事件内容扼要记入矩形方框内。圆形符号表示基本事件，即最基本、具体的不再往下分析的事件。屋形符号表示正常事件，即系统处在正常状态。菱形符号有两种含义：其一表示省略事件，即没有必要详细分析或其原因尚不清楚的事件；其二表示二次事件，即不是本系统的事故原因事件，而是来自系统之外的原因事件。椭圆形符号表示条件事件，是限制逻辑门开启的事件。

2）逻辑门符号。逻辑门的种类较多，各种符号所表示的函数关系及其含义如下。

① 与门：与门是逻辑乘运算，可以连接数个输入事件和一个输出事件，表示仅当所有输入事件都发生时，输出事件才发生的逻辑关系。如图 5-10（a）所示。

② 或门：或门是逻辑加运算，可以连接数个输入事件和一个输出事件，表示至少一个输入事件发生时，输出事件就发生的逻辑关系。如图 5-10（b）所示。

③ 非门：非门表示输出事件是输入事件的对立事件。如图 5-10（c）

④ 条件与门：条件与门表示输入事件不仅同时发生，而且还必须满足条件 a 才会有输出事件发生。如图 5-10（d）所示。

⑤ 条件或门：条件或门表示输入事件至少有一个发生，在满足条件 a 的情况下，输出事件才发生。如图 5-10（e）所示。

⑥ 限制门：限制门运算，表示 B 发生，且满足条件 a 时，则 A 发生。如图 5-10（f）所示。

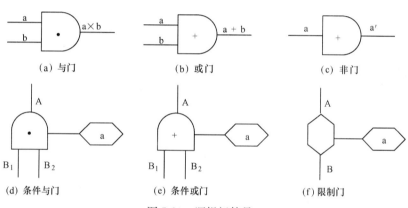

图 5-10 逻辑门符号

（3）事故树的定性分析

事故树的定性分析包括求最小割集、最小径集和基本事件结构重要度。进行定性分析可以了解事故的发生规律和特点，找出控制事故的可行方案，并从事故树结构上分析各基本事件的重要程度，以便按轻重缓急分别采取预防对策。

割集是导致顶上事件发生的基本事件的集合，割集中引起顶上事件发生的充分必要的基本事件和集合为最小割集。它表明哪些基本事件发生会引起顶上事件的发生，反映系统的危险性。其方法之一是采用布尔代数化简法将结构函数化成标准式，从而求出最小割集。

1）布尔代数的运算法则

布尔代数中的变量代表一种状态或概念，数值 1 或 0 并不表示变量在数值上的差别，而是代表状态与概念存在与否的符号。

布尔代数主要运算法则如下：

① 幂等法则

a. $A+A=A$（或 $A \cup A=A$）。根据集合的性质，由于集合中的元素是没有重复现象的，两个 A 集合的并集元素都具有 A 的性质，所以还是 A。

b. $A \cdot A=A$（或 $A \cap A=A$）。两个 A 集合的交集的元素仍具备 A 集合的属性，所以还是 A。

② 交换法则

a. $A+B=B+A$（或 $A\cup B=B\cup A$）

b. $A\cdot B=B\cdot A$（或 $A\cap B=B\cap A$）

③ 结合法则

a. $A+(B+C)=(A+B)+C$［或 $A\cup(B\cup C)=(A\cup B)\cup C$］

b. $A\cdot(B\cdot C)=(A\cdot B)\cdot C$［或 $A\cap(B\cap C)=(A\cap B)\cap C$］

④ 分配法则

a. $A+(B\cdot C)=(A+B)\cdot(A+C)$［或 $A\cup(B\cap C)=(A\cup B)\cap(A\cup C)$］

b. $A\cdot(B+C)=(A\cdot B)+(A\cdot C)$［或 $A\cap(B\cup C)=(A\cap B)\cup(A\cap C)$］

c. $(A+B)\cdot(C+D)=A\cdot C+A\cdot D+B\cdot C+B\cdot D$

［或 $(A\cup B)\cap(C\cup D)=(A\cap C)\cup(A\cap D)\cup(B\cap C)\cup(B\cap D)$］

⑤ 吸收法则

a. $A+(A\cdot B)=A$ 或 $B+A\cdot B=B$

b. $A\cdot(A+B)=A\cdot A+A\cdot B=A+A\cdot B$ 或 $B\cdot(B+A)=B$

2）布尔代数化简

布尔代数式是一种结构函数时，必须将其化简，方能进行判断推理。化简的方法就是反复运用布尔代数法则，化简的程序是：①代数式如有括号应先去括号将函数展开；②利用幂等法则，归纳相同的项；③充分利用吸收法则直接化简。

径集反映了与割集相反的意义。最小径集则是顶上事件不发生所必需的最低限度的基本事件集合。它表示哪些基本事件不发生，顶上事件就不会发生，反映了系统的安全可靠性。有几个径集就有几个消除事故的途径，从而为选择消除事故的措施提供了依据。其方法之一是采用布尔代数化简法将结构函数化成合取标准式。

结构重要度分析是从故障树结构上分析各基本事件的重要程度。即在不考虑各基本事件的发生概率，或假定各基本事件发生概率相等的情况下，分析各基本事件和对顶上事件发生所产生的影响程度。根据结构重要度可排出各基本事件的重要顺序，以指导如何安排对基本事件的控制。结构重要度一般用 $I_\phi(i)$ 表示，基本事件结构重要度越大，它对顶上事件的影响程度就越大，反之亦然。

结构重要度分析可采用两种方法，一种是求结构重要系数，以系数大小排列各基本事件和重要顺序；另一种是利用最小割集或最小径集判断系数的大小，排出顺序。前者精确，但系统中基本事件较多时显得特别麻烦、烦琐；后者简单，但不够精确。利用最小割集或最小径集进行分析时，可遵循以下原则处理：

① 当最小割集中基本事件的个数相等时，在最小割集中重复出现的次数越多的基本事件，其结构重要度越大。

② 当最小割集的基本事件数不等时，基本事件少的割集中的基本事件比基本事件多的割集中的基本事件的重要度大。

③ 在基本事件少的最小割集中，出现次数少的事件与基本事件多的最小割集中出现次数多的相比较，一般前者大于后者。

具体分析时，可采用以下简易算法：给每个最小割集都赋予 1，而最小割集中每个基本事件都得到相同的 1 分，然后每个基本事件积累其得分，按其得分多少，排出结构重要度的顺序。

（4）实际应用

以某建筑施工工地中一架子工从 5m 高空坠落死亡事故为例，说明事故树方法在建筑安全管理中的具体运用。

1）高空坠落事故的原因

高空坠落事故是最常见的建筑安全事故之一，大约占建筑安全事故总数的 50%。由于建筑施工生产周期长、工人流动性大、露天高空作业多、劳动繁重等特点，造成高空坠落事故的原因十分复杂，高空坠落事故的可能原因如下：

① 人的因素

总包与分包之间安全失控；安全员检查不严、不紧、不细；新工人上岗未进行三级教育；思想麻痹；有高血压、心脏病、贫血、癫痫病的工人登高作业；安全交底不严；坐在防护栏杆上休息，在脚手架上睡觉。

② 环境因素

突遇大风、暴雨天气；夏季高温中暑；冬雨季施工脚手板、跳板上雨浸霜冻易滑；危险地段或坑井边、陡坎未设警示、警灯，未加设围护栏杆；夜间施工照明不够。

③ 材料因素

安全网质量不好或有破损；安全带质量不好或使用过久；安全帽质量不好或未戴安全帽；架杆、扣件材料质量规格不符合要求；围护栏、栅栏不结实或质量有问题；梯子材料不结实。

④ 机具设备因素

人货升降机限位保险装置失灵或"带病"工作；人货升降机钢丝绳磨损断裂；自制爬架等设备未经有关部门检验审批。

⑤ 安全技术措施因素

未用"三宝"或"三宝"使用不当；人货升降机超载；脚手架、垂直机械未经验收就使用；垂直运输机械操作工无证上岗；井架吊篮载人上下；洞口未防护，临边未防护；架杆搭设不符合要求；4m 以上立柱、独立梁支模不搭脚手架；在屋架上弦、支撑、挑架、挑梁等未固定物件上行走作业；脚手板有空头板；爬架提升时违章作业；拆除工程（拆脚手架、拆垂直运输机械、拆建筑物）违章作业。

2）事故树分析的步骤

① 画出该案例的事故树

在此案例分析中，顶上事件为高空坠落事故，为简化起见，以"安全带不起作用"和"意外坠落"为第二层中间缺损事件，用与门符号将第二层中间缺损事件与顶上事件连接并进行层层分析，一直到基本事件为止。基本事件即为可能导致高空坠落的危险因素。

调查与顶上事件有关的所有原因事件，包括人的失误、材料质量缺陷、作业环境状况、指挥管理等。为简化只考虑以下 10 项危险项目因素：

X_1：支撑不合格 X_2：安全员检查不细

X_3：安全带质量不合格 X_4：因走动而取下安全带

X_5：安全带使用不当 X_6：脚手板上有霜冻

X_7：操作人员思想麻痹 X_8：脚手板有空头板

X_9：身体重心超出脚手架　　　　X_{10}：高度和地面状况

图 5-11 为该事故模型的事故树示意图。

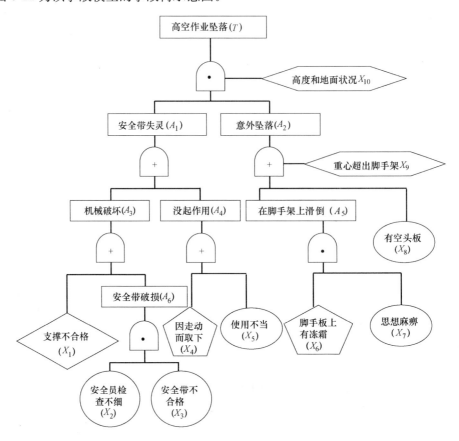

图 5-11　高空作业坠落死亡事故树示意图

② 事故树定性分析

a. 最小割集

运用布尔代数化简法计算该事故树的最小割集。

$$T = A_1 \cdot A_2 \cdot X_{10}$$
$$= (A_3 + A_4) \cdot [(A_5 + X_8) \cdot X_9] \cdot X_{10}$$
$$= [(X_1 + A_6) + (X_4 + X_5)] \cdot [(X_6 \cdot X_7 + X_8) \cdot X_9] \cdot X_{10}$$
$$= (X_1 + X_2 \cdot X_3 + X_4 + X_5) \cdot (X_6 \cdot X_7 \cdot X_9 \cdot X_{10} + X_8 \cdot X_9 \cdot X_{10})$$
$$= X_1 \cdot X_6 \cdot X_7 \cdot X_9 \cdot X_{10} + X_1 \cdot X_8 \cdot X_9 \cdot X_{10} + X_2 \cdot X_3 \cdot X_6 \cdot X_7 \cdot X_9 \cdot X_{10} +$$
$$X_2 \cdot X_3 \cdot X_8 \cdot X_9 \cdot X_{10} + X_4 \cdot X_6 \cdot X_7 \cdot X_9 \cdot X_{10} + X_4 \cdot X_8 \cdot X_9 \cdot X_{10} +$$
$$X_5 \cdot X_6 \cdot X_7 \cdot X_9 \cdot X_{10} + X_4 \cdot X_8 \cdot X_9 \cdot X_{10} \tag{5-3}$$

即得到八组最小割集，他们分别是：$\{X_1, X_6, X_7, X_9, X_{10}\}$、$\{X_1, X_8, X_9, X_{10}\}$、$\{X_2, X_3, X_6, X_7, X_9, X_{10}\}$、　$\{X_2, X_3, X_8, X_9, X_{10}\}$、　$\{X_4, X_6, X_7, X_9, X_{10}\}$、$\{X_4, X_8, X_9, X_{10}\}$、$\{X_5, X_6, X_7, X_9, X_{10}\}$、$\{X_5, X_8, X_9, X_{10}\}$，表示只要这几个事件的组合发生，不管其他事件发生与否，顶上事件"高空坠落事故"都必然发生。

170

b. 最小径集

求取最小径集可以采用布尔代数化简法将结构函数化成标准式，也可以利用它与最小割集的对偶性求出。也就是把原来事故树的与门换成或门，或门换成与门。各类事件发生换成不发生，然后利用上面介绍的布尔代数化简法，求出成功树的最小割集，也就是原事故树的最小径集。式（5-3）利用布尔代数分配法则可化成为：

$$T=(X_1+X_2+X_4+X_5)\cdot(X_1+X_3+X_4+X_5)\cdot(X_6+X_8)\cdot(X_7+X_8)\cdot X_9\cdot X_{10}$$

即得到六组最小径集，它们分别是 $\{X_1，X_2，X_4，X_5\}$、$\{X_1，X_3，X_4，X_5\}$、$\{X_6，X_8\}$、$\{X_7，X_8\}$、$\{X_9\}$、$\{X_{10}\}$。

③ 结构重要度分析

按照简易算法：

$$X_1=X_6=X_7=X_9=X_{10}=1/5 \qquad X_2=X_3=X_6=X_7=x_9=X_{10}=1/6$$

$$X_4=X_6=X_7=X_9=X_{10}=1/5 \qquad X_5=X_6=X_7=x_9=X_{10}=1/5$$

$$X_1=X_8=X_9=X_{10}=1/4 \qquad X_2=X_3=X_8=x_9=X_{10}=1/5$$

$$X_4=X_8=X_9=X_{10}=1/4 \qquad X_5=X_8=x_9=X_{10}=1/4$$

积分累加：

$$X_1=X_4=X_5=1/5+1/4=9/20 \qquad X_2=X_3=1/5+1/6=11/30$$

$$X_6=X_7=1/5+1/6+1/5+1/5=23/30 \qquad X_8=1/4+1/5+1/4+1/4=19/20$$

$$X_9=X_{10}=4/5+1/6+3/4=103/60$$

所以，$I_\phi(9)=I_\phi(10)>I_\phi(8)>I_\phi(6)=I_\phi(7)>I_\phi(1)=I_\phi(4)=I_\phi(5)>I_\phi(2)=I_\phi(3)$

可见，脚手架护栏搭设高度是否符合标准以及是否按要求搭设了水平防护网对预防高空坠落伤亡事故是最重要的因素，其次是空头板，在安全管理中应重点检查防范。

以上采用事故树方法对高处坠落事故进行了系统分析，找出了发生事故的基本因素以及最小割集、最小径集和结构重要度。最小割集的求得可以掌握发生事故的各种可能性，最小割集的多与少表示着发生此事故可能性的大与小，因此，为我们对此事故发生有了清楚的了解和认识。而最小径集的求得给我们提供了避免此事故发生的各种可能的方案，最小径集越多则表示避免此事故发生的可能性越大。结构重要度的求得为我们提供了各元素对事故发生的重要程度，据此，我们在拟定控制事故发生的具体路径和方法时可根据其重要性进行取舍，对重要因素进行重点防范。

通过该示例可以看出事故树作为一种系统分析方法具有逻辑性强、表达直观、条理清楚和层次分明等特点，比较适应对确定事件的进一步深化、细化。同理，运用事故树方法，可以对其他危险源进行辨识与分析。

4. 事件树法

事件树分析（Event Tree Analysis）是一种按事故发展的时间顺序由最初发生的事件开始一直往下推论，得出可能会出现的后果，从而进行危险源辨识的方法。

（1）事件树分析的主要步骤：

1）确定初始事件

初始事件的选定是事件树分析的重要一环，初始事件应为建筑工程中的设备故障、人为失误或是施工工艺异常，这主要取决于安全操作人员对初始事件的反应。如果所选定的初始事件能直接导致一个具体事故，事件树就能较好地确定事故的原因。在事件树分析的绝大多数应用中，初始事件是预想的，装置设计包括设备安全保障装置、施工场地防护围栏或施工工艺方法，用来对初始事件做出反应，并降低或消除初始事件的影响。

2）初始事件的安全功能

建筑工程施工过程中常见的安全功能有：

① 提醒操作者发生初始事件的报警系统，如采用醒目的安全色、鸣笛等；

② 根据报警内容采取相应的措施，若不能将事故消除可以采用减弱、限制或屏蔽措施。

3）编制事件树

① 事件树展开的是事故序列，由初始事件开始，再对建筑安全系统如何响应进行处理，其结果是明确地确定出由初始事件引起的事故。分析人员按事件顺序列出安全功能（措施）的动作，有时事件可能同时发生。在估计安全系统对异常状况的响应时，分析人员应仔细考虑正常施工工艺控制对异常状况的响应。

② 编制事件树第一步，是写出初始事件和用于分析的安全功能（措施），初始事件列在左边，安全功能（措施）写在顶部（格内）。图 5-12 表示常见事故的事故树的第一步。初始事件后面的下边一条线（如图 5-4 中，失败的那条支线），代表初始事件发生后，虽然采取安全功能（措施），事故仍继续发展的那一支（路）。

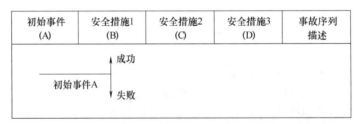

图 5-12　编制事件树的第一步

第二步是评价安全功能（措施）。通常，只考虑两种可能：安全措施是成功还是失败。假设初始事件已经发生，分析人员须确定所采用的安全措施成功或失败的指定标准；接着判断如果安全措施成功或失败了，对事故的发生有什么影响。如果对事故有影响，则事件树要分成两支，分别代表安全措施成功和安全措施失败，一般把成功一支放在上面，失败一支放在下面。如果该安全措施对事故的发生没有什么影响，则不需分叉（分支），可进行下一项安全措施。用字母表明成功的安全措施（如 A，B，C，D），用字母上面加一横行代表失败的安全措施（如 $\overline{A}$、$\overline{B}$、$\overline{C}$、$\overline{D}$）。设第一个安全措施对事故发生有影响，则在节点处分叉（分支），如图 5-13。

展开事件树的每一个分叉（节点）都会产生新的事故，都必须对每一项安全功能（措施）依次进行评价。当评价某一事故支（路）的安全功能（措施）时，必须假定本支（路）前面的安全功能（措施）成功或失败已经发生，这一点可在上面所举的例子（当评价第二项安全功能时）看出来（图 5-14）。因为（上面第一支）第一项安全功能（措施）是成功的，所以上面那一支需要有分叉（节点），而第二项安全功能（措施）仍可能对事故发生产生影响。如果第一项安全功能（措施）失败了，则下面那一支（路）中第二项安全功能（措施）就不会有机会（再去）影响事故的发生了，故而下面那一支（路）可直接

图 5-13 第一安全措施的展开

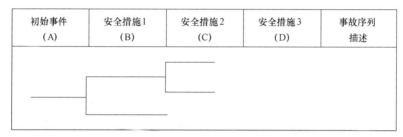

图 5-14 事件树中第二安全措施的展开

进入第三项安全功能（措施）的处理（评价）。

图 5-15 表示出了例子的完整事件树。最上面那一支（路）对第三项安全功能（措施）没有分叉（节点），这是因为本系统的设计中，如果第一、第二两项安全功能是成功的，就不需要第三项安全功能（措施）有分叉（节点），因为它对事故的出现没有影响。

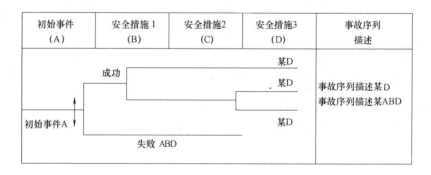

图 5-15 事件树编制

所得事故序列的结果说明：事件树分析的下一步骤是对各事故序列结果进行解释（说明）。应说明由初始事件引起的一系列结果，其中某一序列或多个序列有可能表示安全回复到正常状态或有序地停止。从安全角度看，其重要意义在于得到事故的后果。

确定事故序列最小割集：用故障树分析对事件树事故序列加以分析，以便确定其最小割集。每一事故序列都由一系列安全系统失败组成，并以"与门"逻辑及初始事件相关。这样，每一事故序列都可以看作是由"事故序列（结果）"作为顶上事件的故障树，并用"与门"将初始事件和一系列安全系统失败（故障）与"事故序列（结果）"（顶上事件）相连接。

173

4）编制评价结果

事件树的最后一步是将分析研究的结果汇总，分析人员应对初始事件、一系列的假设和事件树模式等进行分析，并列出事故的最小割集。列出讨论的不同事故后果和从事件树分析得到的建议措施。

（2）事件树在高层建筑火灾控制方面的应用

随着国民经济的迅速发展，结构复杂、人员密集的高层建筑逐渐增多，一旦发生火灾将给消防工作带来极大的困扰和危机，也将给人们的生命安全和财产带来巨大损失。高层建筑火灾的性质与一般建筑火灾不同，有着火势蔓延快、人员疏散困难、火灾扑救难度大等特点。高层建筑火灾的控制也逐渐成为建筑工程安全管理的一个重要方面，针对高层建筑火灾的控制，用上述事件树法进行简单的预评价。

1）高层建筑火灾控制事件树，如图 5-16 所示。其中的火灾报警系统、自动喷淋系统、烟气控制系统、警报系统及应急疏散方案即构成了高层建筑火灾时的生命安全系统。

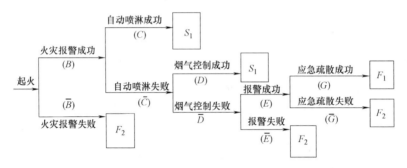

图 5-16　高层建筑火灾控制事件树

图 5-16 中，S_1 为没有造成重大火灾；F_1 为火灾没有造成重大人员伤亡；F_2 为火灾形成重大人员伤亡；F_3 为造成重大事故概率很大。

2）高层建筑火灾事件树的定量分析

各类型事故的发生等于导致事故的各发展途径的概率之和。

$$P(F_1)=P(\overline{A})P(B)P(\overline{C})P(D)P(E)P(G)$$
$$P(F_2)=P(\overline{A})P(B)P(\overline{C})P(D)P(E)P(\overline{G})$$
$$P(F_3)=P(\overline{A})*\left[P(\overline{B})+P(B)P(\overline{C})P(\overline{D})P(\overline{E})\right]$$

火灾事故总的发生概率为

$$P(F)=P(F_1)+P(F_2)+P(F_3)$$

不发生火灾的概率为

$$P(S_1)=P(\overline{A})P(B)P(C)+P(\overline{C})P(D)$$

火灾事故的发生概率与不发生火灾事故的概率之和应等于 1，即：

$$P(S_1)+P(F_1)+P(F_2)+P(F_3)=1$$

通过事件树分析可知，为了使高层建筑发生火灾时人的生命安全得到保障，必须根据系统安全理论，采用系统安全的方法，进行高层建筑火灾时人的生命安全系统的设计。同时，应加强烟气的控制和防火安全教育，进行适当的应急疏散方案的演习也非常必要。

5.3.3　建筑工程危险源控制措施

建筑企业应根据承包工程的类型特征、规模及自身管理水平等，辨识危险源，列出清单，并对危险源进行风险评估。不同的建筑企业面临不同的工程危险因素，同一企业承包工程性质的改变或管理方式的变化，也会引起危险源数量及内容的变化，因此企业应及时更新对危险源的辨识，并制定相应的控制措施。

危险源控制是利用工程技术和管理方法来减少失误，从而起到消除或控制危险源，防止危险源导致安全事故造成人员伤害和财产损失的过程。

1. 对人的不安全行为及管理缺陷的控制

不安全行为指的是可能导致超出人们接受界限的后果或可能导致不良影响的行为。按行为的主体来分类，不安全行为可以划分为组织的不安全行为和个体的不安全行为。组织的不安全行为表现为建筑工程施工管理中的缺陷，个人的不安全行为表现为工人的违章操作和管理人员的盲目指挥等。

人的不安全行为和物的不安全状态是造成建筑工程安全事故的根源和状态，而物的不安全状态绝大部分也是人的不安全行为引发的。在人-机-环境系统工程中，人的因素是第一位的。重点控制人的不安全行为，加强安全教育，提高管理水平，是降低安全事故发生率的最有效措施。应从以下方面控制人的不安全行为：

（1）提高建筑企业的安全管理水平。

（2）建立健全各级安全生产责任制。

（3）加强安全教育培训。

（4）编制重大危险源应急预案。

（5）创造良好的建筑工程施工现场工作环境。施工现场往往多工种同时作业，流水作业，人员间的工作交叉频繁，如果施工现场管理不规范，极易造成安全事故。

（6）岗位操作标准化。对于特种作业的人员，必须经过岗位培训才能上岗。

2. 对物的不安全状态的控制

物的不安全因素是构成建筑工程生产重大事故的根本环节，必须制定程序，严格确定合格分供方（提供产品的组织或个人）的评价标准，保证对安全设施所需材料、设备和防护用品的供应单位实施有效的审查，着重审查分供方所提供的材料、设备和防护用品的资质能力、生产许可证、安全性、可靠性是否符合相关规定。

对物的不安全状态进行控制时，主要采用技术控制方法。常用的技术控制方法有：

（1）距离防护和时间防护。根据轨迹交叉理论，在事故发展进程中，人的不安全行为的运动轨迹和物的不安全状态的轨迹的交点就是事故发生的时间和空间。只要采取措施对施工人员进行距离防护，避免危险源的时空交叉，就能避免能量的意外释放造成人员伤亡；

（2）屏蔽危险源、做好防护措施；

（3）消除薄弱环节，增强危险源的可控性；

（4）设置安全警示标志，提高施工人员安全防范意识；

（5）个体防护。

物的不安全状态又可细分为存在性危险源、潜在性危险源和境遇性危险源，对不同类型的危险源所采取的技术控制措施不尽相同。

存在性危险源一般通过常用的危险源辨识方法即可辨识，对评价出的重大危险源应列入重点监控对象，采取各种技术措施消除风险，减轻风险，同时做好个体防护。

潜在性危险源随工程进展和建筑工程施工条件的变化，其危险性会逐渐累积。潜在性危险源最大的危害是表面上看不出它的危险性，因此在工程项目施工组织管理中不可能将其列为安全防范的重点。一旦发现潜在性危险源，就应该采取危险源的动态辨识和动态控制措施，实时关注潜在性危险源的发展并采取有力措施进行控制。

境遇性危险源如地震、火灾、疫病等一旦爆发，极有可能对施工项目造成严重破坏，导致人员伤亡和财产损失。对于一些不能人为可控的境遇性危险源，编制危险源应急预案，在安全事故发生后启动应急预案，对于减少人员伤亡和财产损失有着重要意义。

3. 建筑工程施工现场应急救援预案的编制

危险源控制的原则是对于一般的危险源，采取适当措施进行全面控制；对于重大危险源重点管理，建立专项预案进行重点控制；对于潜在性危险源和境遇性危险源，通过建立应急救援预案进行控制。应急预案属于对危险源的事前编制、事后控制，一个好的应急预案能有效的降低风险，减少事故发生后的人员伤亡和财产损失。

危险源应急救援预案是危险源控制不可或缺的部分，有些应急救援机构在制定应急救援预案时，往往太过格式化，如救援人员什么时间到达救援现场，救援时哪些人用什么工具等这些问题指定的太详细，而忽略应急救援时瞬息万变的救援时机和救援现场整体的统筹安排。本节就编制应急救援预案应注意的问题和内容要求作简要阐述。

（1）编制应急预案应注意的问题

应急预案的目的是立足于重大事故的救援，立足于工程项目自援自救，立足于工程所在地政府和当地社会资源的救助。

1）在编制应急预案时，应结合施工项目实际情况，合理分配项目部中各单位的人员职责，避免职责的多重交叉。

2）加强应急预案的管理工作。编制应急预案的目的在于重大事故发生时能够有章可循，做到心中有数，不能编制完应急预案就束之高阁，只为应付上级部门的检查，各企业应建立应急预案的管理体系。

3）应急知识的培训工作应该到位。应急救援人员必须掌握常见的应急知识和应急救援方法，能熟练使用各种救援器材，熟练履行救援任务。

4）应急指挥领导小组应组织演习，增强应急预案的时效性和实用性。在演习过程中发现问题，不断修正应急预案中不实用的内容并加以充实。

（2）应急预案的内容要求

应急预案应包括以下内容：

1）对工程概况的描述。应说明本工程所处的位置，周边环境概况，以及施工项目本身的一些特征。

2）划定应急预案实施的区域范围。施工现场应急救援预案按照事故类型可以分为事故现场高空坠落应急救援预案，施工现场坍塌事故应急救援预案等。根据不同事故类型的应急救援预案，划定危险源的影响区域。

3）确定应急救援的组织结构。一个完整的应急救援体系包括应急领导小组、现场抢救组、医疗救治组、后勤服务组和保安组。

4）救援器材和通信联络。对应急救援时应常备的救援器材有医疗器材、抢救器材、照明器材、通信器材、交通工具、灭火器材。在应急救援预案中，应公示常用的应急救助电话，如项目部指挥领导小组成员的联系方式、当地安全生产监察机构联系方式等。

5.4 案例分析

5.4.1 LEC方法在建筑工程安全风险管理中的应用——北京地铁四号线的安全风险管理

1. 工程概况

北京地铁四号线是由北京市基础设施投资有限公司（BII）和北京首都创业集团有限公司（BCG）以及香港地铁公司以特许经营模式（PPP）合作投资、建设和运营的项目。项目总投资约153亿人民币，其中70%由北京市政府出资，30%由特许经营公司出资。该项目南起公益西桥，北到颐和园北，全程28.7公里，共设站台24座，是北京继地铁5号线后又一条贯通南北交通的大动脉，跨域丰台、原宣武、西城和海淀四区，站点设置涵盖了西单、中关村等商业圈、人民大学、北京大学等高校区以及颐和园、圆明园等历史景观。沿线设换乘站10座，主要集中在城市中心区，分别与既有的一号线、二号线、十三号线和在建的十号线以及规划中的九号线、六号线、七号线、十二号线、十四号线相连接。

2. 地铁工程安全危险源的分布

地铁施工活动的复杂专业特性和不安全因素的客观现实，加之有关方利益驱使或安全意识淡薄等，造成地铁建设施工安全重大危险源客观存在。地铁施工往往聚集在人口居住活动密集的市区、商业区施工，一旦发生坍（倒）塌、火灾、爆炸等事故，其涉及往往不仅是施工场所，也包括周围已有建筑、城市运营生命线设施（如供水、电力、燃气、通信等）的使用安全和居民人身安全等重大公共公众利益。危害极大，乃至影响城市社会稳定。根据国务院《建设工程安全生产管理条例》相关规定和参照《重大危险源辨识》（GB 18218—2000）的有关原理，进行施工安全重大危险源的辨识，是加强施工安全生产管理，预防重大事故发生的基础性的、迫在眉睫的工作。其工程安全危险因素产生分析见图5-17。

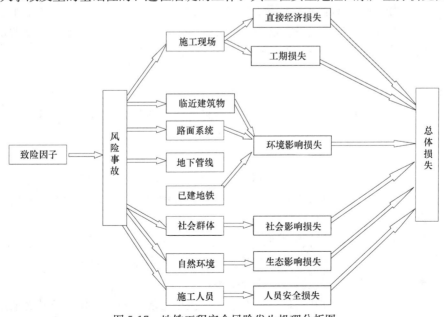

图 5-17　地铁工程安全风险发生机理分析图

根据地铁工程施工现场的实际情况，系统、有序地识别危险源范围，划分不同的作业和活动类型，确定危险源的存在和分布。

（1）工地地理位置、水文和地质条件、交通条件、施工场所外环境条件、自然灾害条件等。

（2）工程总平面和功能分区（如施工区、加工区、办公区、生活区等）的布局，易燃易爆、有害物料及设施的布置，施工生产流程线的布置，建筑物安全距离，运输及道路布置等。

（3）临时设施（工程、生活、办公等场所）的采光、通风、防火、防雨、防雷，建筑设备的防漏电、防触电等。

（4）汽油、柴油、酒精、油漆、丙酮、氧气、乙炔、水泥、玻璃丝绵，易燃易爆性、腐蚀性、粉尘性等有害物料。

（5）施工机械、起重机械、电气设备、运输车辆、人货电梯、压力容器、压力管道等。

（6）变配电室、区间隧道、电缆夹层、气瓶间、综合控制室等。地基处理基础、结构、装饰、设备安装等工程。

（7）地下、高空、起重、运输、带电、明火、粉尘、噪声等作业。急救防暑降温、防冻防寒、生活卫生等设施。

（8）孔洞盖板、安全防护栏、劳动防护用品和安全标识等。

3. 建筑工程危险源识别

北京地铁四号线除安河桥北站为地面站外，其余均为地下站。就工程本身而言，无论从工程量还是从施工条件来分析，在控制施工安全方面都存在着较大的困难点。主要表现在以下几个方面：

（1）工程施工环境复杂

地铁四号线跨域区域范围大，部分车站的设置位于闹市区、景观区，个别车站贯通现有的建筑，其周边环境对施工要求较高；部分换乘车站面临如何保障现有车站的正常运营问题，工期偏紧，施工工期一般受气候等不利因素的影响较大。

（2）施工技术要求高，难度大

地铁四号线作为北京京港地铁公司投资建设的第一条地铁工程，在建设过程中参照香港地铁建设管理的要求，在施工技术要求和管理上较以往更严，而且由于其施工环境复杂性，个别站点的地质条件复杂，造成施工过程难度大。

（3）施工承包企业多，管理难度大

由于工程量总体很大，施工点多和面广，容易出现人员多而散，施工层层转包的局面，各分包队伍的专业知识和业务水平各不相同，管理上难度大，随时都可能出现事故。

（4）施工作业区域狭长

地铁四号线各站点设置的特殊性，使施工区域范围较小，不利于各施工队伍开展工作，且受场地制约严重，材料的运输难度大，往往成为全线的"卡脖子"工程。

（5）施工临时用电量大，机构设备类型多

地铁四号线施工临时用电频繁；施工机具（包括运输车辆）品牌，型号之多是一般工程项目施工所无法比拟的，设备的使用管理难度相当大。

（6）噪声和空气环境影响

工程施工期间，建筑噪音对周围居民日常生活带来不便，且施工期间，产生的尘埃对大气和周围居民的生活产生不利影响。

在危险源识别的基础上，采用 LEC 作业条件危险性评价法进行评价，其危险源的各项打分值根据 5.3 节中表格 5-10 至 5-14 的经验值确定，其危险等级的确定则根据表 5-9 的经验值进行确定。本工程施工现场风险识别、评价表见表 5-15 所示。

施工现场风险辨识、评价表　　　　　　　　表 5-15

序号	危险类别	作业设施位置	危险说明影响后果	可能成因	风险评价			
					L	E	C	D
1	坍塌	基坑作业坍塌，模板坍塌，平台，平台坍塌，脚手架坍塌	人员伤亡，财产损失	违反操作规程施工、支撑系统失稳	6	3	40	720
2	高处坠落	梯架作业，临边、临沿作业	人员坠落、伤害	梯架不牢固，安全防护措施不到位	6	6	15	540
3	物体打击	施工材料、器具搬运	人员伤亡、财产损失	安全防护措施不到位	6	6	15	540
4	触电	手持电动工具使用，临时照明	人员触电伤害	电气设备发生故障，电线绝缘破坏	6	3	15	270
5	触电	电焊作业，砂轮锯切割作业	人员触电伤害	违规操作	3	3	15	135
6	触电	配电箱门未锁，非电工人员作业	人员触电伤害	违章操作	3	3	15	135
7	火灾	用乙炔钢瓶焊接作业	火灾伤亡、财产损失	作业时泄漏遇火燃烧	6	3	15	270
8	火灾	焊接作业下方有易燃物	火灾伤亡、财产损失	作业时火花引燃易燃物	6	3	7	126
9	机械伤害	提升架、提升机作业	财产损失、人员伤亡	限位器失灵	6	6	15	540
10	机械伤害	起重机作业	人员伤亡、财产损失	起重机超期使用、钢丝绳断裂	6	6	15	540
11	机械伤害	车辆驾驶、运输	人员伤亡、财产损失	违章驾驶，疲劳驾驶	1	6	7	42

4. 危险评价

地铁四号线施工现场风险识别与评价，采用预测和系统分析的方法。依据工程的施工难度、施工环境、人员以及施工设施条件，分析和评估各车站、区间施工中可能发生的安全风险；确定现场监测的对象、项目内容和范围，对施工降水、地层注浆、临时工程设计和重要管线及建筑物编制专项方案，并对相应的安全风险做出评价，并提出风险控制的合理手段。

根据施工现场危险源的识别、评价情况，制定对重大危险源的控制措施，发现隐患立即停止施工，进行整改。重大危险源控制措施表见表 5-16。

施工现场重大危险源控制措施表　　　　　　　　　　　　表 5-16

序号	危险类别	作业活动场所	危险后果	危险等级	控 制 措 施
1	坍塌	基坑作业坍塌 模板坍塌 平台坍塌 脚手架坍塌	人员伤亡、财产损失	Ⅰ	1. 编制专项安全施工方案，并报相关部门审批 2. 采取必要安全防护措施 3. 平台、脚手架不可超载，拆装按规定程序进行
2	高处坠落	梯架作业 临边、临沿作业	人员坠落、伤害	Ⅰ	1. 对作业环境随时观察 2. 作业人员配备安全带、安全绳、安全网，不穿易滑鞋 3. 对梯架、高凳使用前要做检查，使用时要支稳
3	物体打击	施工材料、器具搬运，吊装	人员伤亡	Ⅰ	1. 严格遵守安全生产操作规程，减少交叉作业，配置防护措施 2. 作业人员佩戴好安全防护用品
4	触电	手持电动工具使用，临边照明	人员伤亡、财产损失	Ⅱ	1. 严格遵守安全生产操作规程，插座、开关安装漏电保护器 2. 电工人员持证上岗
5	火灾	用乙炔钢瓶焊接作业	火灾伤亡、财产损失	Ⅱ	1. 严格遵守安全生产操作规程，现场配置必要围挡设施
6	机械伤害	提升架、提升机作业	财产损失、人员伤亡	Ⅰ	1. 严格遵守安全生产操作规程 2. 配置安全防护设施
7	机械伤害	起重机作业	人员伤亡、财产损失	Ⅰ	1. 严格遵守安全生产操作规程 2. 定期对设备进行维修检查、更新

5. 风险控制措施

（1）建立重大危险源控制台账

在对施工现场的危险源进行识别评价的基础上，对重大危险源的采取合理的预防控制手段，建立重大危险源台账，制定危险源的控制目标和管理方案，实时跟踪整改进展状态。

（2）制定施工现场安全、文明施工方案

对工程施工现场一切洞口、过道、出入口均设置有效的防护；对进入工程施工现场施工作业区人员，必须记录进入时间、施工作业地点、离开时间、施工作业内容、使用施工设备/设施、照明设施或随身照明用具、安全防护设施、设备或用具等，并事先明确有关施工作业区的疏散通道；在深井、地下管道或通风不好的地下施工作业时，应采取有效的通风措施，并进行有毒、有害气体探测，防止发生中毒事故；在使用电气焊或产生火花、火焰的施工作业时，必须取得动火证后再进行施工作业，并按消防方案实施；在恶劣天气环境条件下施工作业，则需制定详细、特殊条件下施工作业的特殊措施和安全保障的特殊措施，配备特殊机具设备和保护装置，并就措施进行细致交底，确保安全施工作业顺利进行。

施工现场安全管理人员应随时根据施工区内的环境安全状态的发展变化及时做出可靠的评估，及时进行预警和报警。

（3）建立应急响应和应急预案

建立应急救援机构，明确各组织机构的职责及负责人。现场的应急救援响应程序如下图 5-18 所示。

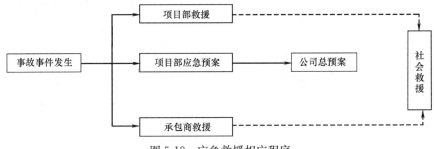

图 5-18　应急救援相应程序

1）发生事故时，发现人应立即报告项目负责方项目部经理或公司主管领导；

2）报告内容包括：事故发生的时间、地点、性质和人员、财产损失的简要情况，已采取的救援措施，以及事故发展动态；

3）项目负责人/项目部经理接到报告后，应立即报告公司行政主管部门、工程管理部和公司主管领导；

4）公司主管领导接到事故报告后，视情况报请公司总经理批准启动公司应急救援预案，并迅速通知公司应急救援小组赶赴现场，实施救援处置。

（4）风险转移

工程保险在我国得到良好的发展，并在建设工程领域广泛应用。在对建筑本身进行保险的同时，我们更要关注施工现场人身的安全，注重以人为本的安全方针，《建筑法》第四十八条规定："建筑施工企业必须为从事危险作业的职工办理意外伤害保险，支付保险费。"北京建委也下发了《北京市实施建设工程施工人员意外伤害保险办法（试行）》（京建法〔2004〕0243 号），从而对施工人员意外伤害实施救济，防范施工安全风险。北京地铁四号线办理了建筑工程一切险，同时所有参建单位都为施工人员办理了意外伤害保险，在保障安全管理的同时，为施工现场的风险转移提供依据。

5.4.2　事故树在工程触电事故中的应用——德阳某建筑工地触电事故

2004 年 6 月，在德阳某建筑工地，操作工王某发现潜水泵开动后漏电开关动作，便要求电工把潜水泵电源线不经漏电开关接上电源。起初电工不肯，但在王某的多次要求下照办了。潜水泵再次启动后，王某拿一条钢筋欲挑起潜水泵检查是否沉入泥里，当王某挑起潜水泵时，即触电倒地，经抢救无效死亡。触电事故是建筑施工"六大伤害"事故之一，利用事故树对此次触电事故进行分析。

① 作业人员触电事故树（图 5-19）

② 求最小割集

该事故树的结构函数式为：

$$T = A_1 \cdot A_2$$
$$= (X_4 + B_1 + B_2) \cdot (X_5 + X_6 + X_7)$$
$$= [X_4 + X_{19} \cdot (X_1 + X_2 + X_3) + X_8 \cdot (X_9 + X_{10}) + X_{21} \cdot (X_{11} + X_{12} + X_{13}) +$$

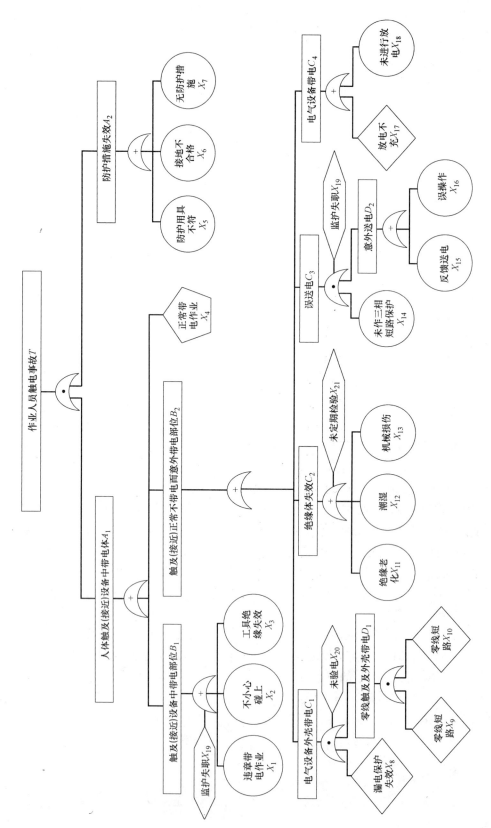

图 5-19 作业人员触电事故树图

$$X_{19}+X_{14} \cdot (X_{15}+X_{16})+(X_{17}+X_{18})] \cdot (X_5+X_6+X_7)$$
$$= (X_4+X_1 \cdot X_{19}+X_2 \cdot X_{19}+X_3 \cdot X_{19}+X_8 \cdot X_9 \cdot X_{20}+X_8 \cdot X_{10} \cdot X_{20}+X_{21} \cdot$$
$$X_{11}+X_{21} \cdot X_{12}+X_{21} \cdot X_{13}+X_{19} \cdot X_{14} \cdot X_{16}+X_{17} \cdot X_{18}) \cdot (X_5+X_6+X_7)$$
$$=X_4 \cdot X_5+X_1 \cdot X_{19} \cdot X_5+X_2 \cdot X_{19} \cdot X_5+X_3 \cdot X_{19} \cdot X_5+X_8 \cdot X_9 \cdot X_{20} \cdot X_5+$$
$$X_8 \cdot X_{10} \cdot X_{20} \cdot X_5+X_{21} \cdot X_{11} \cdot X_5+X_{21} \cdot X_{12} \cdot X_5+X_{21} \cdot X_{13} \cdot X_5+X_{19} \cdot$$
$$X_{14} \cdot X_{15} \cdot X_5+X_{19} \cdot X_{14} \cdot X_{16} \cdot X_5+X_{17} \cdot X_5+X_{18} \cdot X_5+X_4 \cdot X_6+X_1 \cdot$$
$$X_{19} \cdot X_6+X_2 \cdot X_{19} \cdot X_6+X_3 \cdot X_{19} \cdot X_6+X_8 \cdot X_9 \cdot X_{20} \cdot X_6+X_8 \cdot X_{10} \cdot X_{20} \cdot$$
$$X_6+X_{21} \cdot X_{11} \cdot X_6+X_{21} \cdot X_{12} \cdot X_6+X_{21} \cdot X_{13} \cdot X_6+X_{19} \cdot X_{14} \cdot X_{15} \cdot X_6+$$
$$X_{19} \cdot X_{14} \cdot X_{16} \cdot X_6+X_{17} \cdot X_6+X_{18} \cdot X_6+X_4 \cdot X_7++X_1 \cdot X_{19} \cdot X_7+X_2 \cdot$$
$$X_{19} \cdot X_7+X_3 \cdot X_{19} \cdot X_7++X_8 \cdot X_9 \cdot X_{20} \cdot X_7+X_8 \cdot X_{10} \cdot X_{20} \cdot X_7+X_{21} \cdot$$
$$X_{11} \cdot X_7+X_{21} \cdot X_{12} \cdot X_7+X_{21} \cdot X_{13} \cdot X_7+X_{19} \cdot X_{14} \cdot X_{15} \cdot X_7+X_{19} \cdot X_{14} \cdot$$
$$X_{16} \cdot X_7+X_{19} \cdot X_{14} \cdot X_{16} \cdot X_7+X_{17} \cdot X_7+X_{18} \cdot X_7$$

得出最小割集 K：共计 39 个最小割集。

$K_1=\{X_4，X_5\}$	$K_2=\{X_1，X_5，X_{19}\}$
$K_3=\{X_2，X_5，X_{19}\}$	$K_4=\{X_3，X_5，X_{19}\}$
$K_5=\{X_5，X_8，X_9，X_{20}\}$	$K_6=\{X_5，X_8，X_{10}，X_{20}\}$
$K_7=\{X_{21}，X_{11}，X_5\}$	$K_8=\{X_{21}，X_{12}，X_5\}$
$K_9=\{X_{21}，X_{13}，X_5\}$	$K_{10}=\{X_{19}，X_{14}，X_{15}，X_5\}$
$K_{11}=\{X_{19}，X_{14}，X_{16}，X_5\}$	$K_{12}=\{X_{17}，X_5\}$
$K_{13}=\{X_{18}，X_5\}$	$K_{14}=\{X_4，X_6\}$
$K_{15}=\{X_1，X_{19}，X_6\}$	$K_{16}=\{X_2，X_{19}，X_6\}$
$K_{17}=\{X_3，X_{19}，X_6\}$	$K_{18}=\{X_8，X_9，X_{20}，X_6\}$
$K_{19}=\{X_8，X_{10}，X_{20}，X_6\}$	$K_{20}=\{X_{21}，X_{11}，X_6\}$
$K_{21}=\{X_{21}，X_{12}，X_6\}$	$K_{22}=\{X_{21}，X_{13}，X_6\}$
$K_{23}=\{X_{19}，X_{14}，X_{15}，X_6\}$	$K_{24}=\{X_{19}，X_{14}，X_{16}，X_6\}$
$K_{25}=\{X_{17}，X_6\}$	$K_{26}=\{X_{18}，X_6\}$
$K_{27}=\{X_4，X_7\}$	$K_{28}=\{X_1，X_{19}，X_7\}$
$K_{29}=\{X_2，X_{19}，X_7\}$	$K_{30}=\{X_3，X_{19}，X_7\}$
$K_{31}=\{X_8，X_9，X_{20}，X_7\}$	$K_{32}=\{X_8，X_{10}，X_{20}，X_7\}$
$K_{33}=\{X_{21}，X_{11}，X_7\}$	$K_{34}=\{X_{21}，X_{12}，X_7\}$
$K_{35}=\{X_{21}，X_{13}，X_7\}$	$K_{36}=\{X_{19}，X_{14}，X_{15}，X_7\}$
$K_{37}=\{X_{19}，X_{14}，X_{16}，X_7\}$	$K_{38}=\{X_{17}，X_7\}$
$K_{39}=\{X_{18}，X_7\}$	

③ 结构重要分析

由公式计算得结构重要系数为：

$$I_\phi(1)=I_\phi(2)=I_\phi(3)=I_\phi(8)=I_\phi(11)=I_\phi(12)=I_\phi(13)=I_\phi(14)=I_\phi(19)$$
$$=I_\phi(20)=0.75$$

$$I_\phi(4)=I_\phi(17)=I_\phi(18)=1.5$$

$$I_\phi(5)=I_\phi(6)=I_\phi(7)=3.5$$

$I_\phi(9) = I_\phi(10) = I_\phi(15) = I_\phi(16) = 0.375$

$I_\phi(21) = 2.25$

结构重要度顺序为：

$I_\phi(5) = I_\phi(6) = I_\phi(7) > I_\phi(21) > I_\phi(4) = I_\phi(17) = I_\phi(18) > I_\phi(1)$

$\quad = I_\phi(2) = I_\phi(3) = I_\phi(8) = I_\phi(11) = I_\phi(12) = I_\phi(13) = I_\phi(14)$

$\quad = I_\phi(19) = I_\phi(20) > I_\phi(9) = I_\phi(10) = I_\phi(15) = I_\phi(16)$

通过分析可知该事故树有 39 个最小割集，其中任何一个发生都会导致顶上事件的发生。通过分析可知接地可靠与正确使用安全防护用具，是防止触电事故的最重要环节，其次是严格执行作业中的监护制度和对系统中不带电体绝缘性能的及时检查与修理，减少正常不带电部位意外带电的可能性。另外，充分的放电、严格的验电、可靠的防漏电保护和停电检修时对停电线路作三相短路接地等措施，也是减少作业中触电事故的重要方法。

思 考 题

1. 安全检查的类型有哪几种？其检查的主体是什么？

2. 如何对重大危险源进行控制？

3. 安全评价的类型有哪些，其具体内容是什么？

4. 简述安全预评价和安全验收评价的适用范围。

5. 安全预评价中安全评价单元应如何划分？划分的原则和方法是什么？

6. 什么是危险源？危险源识别的具体内容有哪些？

7. 简要介绍建筑工程危险源辨识的主要方法。

8. 进行建筑工程危险因素评价的情况有哪些？

9. 常用的建筑工程安全评价方法都包括哪些？

10. 编制建筑工程施工现场应急救援预案时应注意哪些问题？

参 考 文 献

[1] 冯利军. 建筑安全事故成因分析及预警管理研究 [D]. 西安：天津财经大学，2008.

[2] 张守健. 工程建设安全生产行为研究 [D]. 上海：同济大学，2006.

[3] 闵锐. 陕西省建筑施工安全监督管理研究 [D]. 西安：西安建筑科技大学，2006.

[4] 段力志. 建筑施工安全管理研究 [D]. 重庆：重庆大学，2006.

[5] 黄雪群. 建设工程安全政府监督管理研究 [D]. 重庆：重庆大学，2009.

[6] 崔宏程. 建设工程安全生产监督管理若干问题的探讨 [D]. 深圳：华南理工大学，2006.

[7] 崔淑梅，徐卫东，门晓杰. 建筑安全监督与管理的手段与方法研究 [J]. 建筑安全，2008（10）：14~16.

[8] 李德全. 工程建设监管 [M]. 北京：中国发展出版社，2007，4.

[9] 中华人民共和国建设部. 建筑工程安全生产监督管理工作导则. 建质 [2005] 184 号.

[10] 王鹏程，司建辉. 浅谈建筑工程的安全管理 [J]. 西北水力发电，2004（9）：69~70.

[11] 董仁智，贺富贵. 水利工程施工的安全管理探讨 [J]. 现代农业科技，2011（2）：287~288.

[12] 马保忠. 浅谈建筑工程安全管理与控制 [J]. 山西建筑，2011（1）：241~242.

[13] 管建国. 建筑施工企业的安全管理 [J]. 山西建筑，2005（6）：150~151.

[14] 周海涛. 建设工程安全管理 [M]. 北京：高等教育出版社，2006.

[15] 吕方泉. 建筑安全资料编制与填写范例 [M]. 北京：地震出版社，2006.

[16] 赵挺生. 建筑工程安全管理 [M]. 北京：中国建筑工业出版社，2006.

[17] 朱建军. 建筑安全管理 [M]. 北京：化学工业出版社，2007.

[18] 《资料员一本通》编委会. 建筑安全资料员一本通 [M]. 哈尔滨：哈尔滨工程大学出版社，2008.

[19] 全国二级建造师执业资格考试用书编写委员会. 建设工程施工管理 [全国二级建造师执业资格考试用书（第三版）] [M]. 北京：中国建筑工业出版社，2009.

[20] 武明霞. 建筑安全技术与管理 [M]. 北京：机械工业出版社，2009.

[21] 赵挺生. 建筑施工过程安全管理手册 [M]. 武汉：华中科技大学出版社，2011.

[22] 卞耀武. 《中华人民共和国安全生产法》读本 [M]. 北京：煤炭工业出版社，2002，8.

[23] 冯小川. 建筑安全生产法律法规知识 [M]. 北京：中国环境科学出版社，2004，1.

[24] 法律出版社法规中心. 安全生产 [M]. 北京：法律出版社，2010，4.

[25] 卞耀武. 中华人民共和国建筑法释义 [M]. 北京：法律出版社，1999，10.

[26] 国务院法制局农林城建司. 《中华人民共和国建筑法》释义 [M]. 北京：中国建筑工业出版社，1997，12.

[27] 王斐民. 建设工程安全生产管理条例释义 [M]. 北京：中国法制出版社，2004，1.

[28] 国务院法制办公室. 建设工程安全生产管理条例释义 [M]. 北京：知识产权出版社，2004，1.

[29] 住房和城乡建设部工程质量安全监管司. 建设工程安全生产法律法规 [M]. 北京：中国建筑工业出版社，2008，11.

[30] 卜振华，吴之昕. 施工项目安全控制 [M]. 北京：中国建筑工业出版社，2003.

[31] 陈俊，常保光. 建筑工程项目管理 [M]. 北京：北京理工大学出版社，2009.

[32] 高秋利. 建筑工程全过程策划与施工控制 [M]. 北京：中国建筑工业出版社，2007.

[33] 黄伟典. 建筑工程施工管理 [M]. 北京：中国环境科学出版社，2006.

[34] 丛培经. 施工项目管理工作手册 [M]. 北京：中国物价出版社，2002.

[35] 刘嘉福. 建筑施工安全技术 [M]. 北京：中国建筑工业出版社，2004.

[36] 柳锋. 建筑工程安全控制方法研究 [J]. 华北科技学院学报，2005，2（1）：55～59.

[37] 李世蓉，兰定筠，罗刚. 建设工程施工安全控制 [M]. 北京：中国建筑工业出版社，2004.

[38] 金国辉. 建筑工程质量与安全控制 [M]. 北京：清华大学出版社、北京交通大学出版社，2009.

[39] 北京海德中安工程技术研究院. 建筑施工应急救援预案及典型案例分析 [M]. 北京：中国建筑工业出版社，2007：20～21.

[40] 潘家山，潘庆元，潘家生. 建设工程监理系列文件编写及参考样本 [M]. 浙江：浙江大学出版社，2007：155～157.

[41] 倪新贤. 建设工程安全监理责任及实施指南 [M]. 河南：黄河水利出版社，2010：4～5；151～152.

[42] 梅钰. 建设工程监理安全责任与工作指南 [M]. 北京：中国建筑工业出版社，2008：158～162.

[43] 王显政. 安全评价总论 [M]. 北京：煤炭工业出版社，2005.

[44] 张超，刘俊. 建筑施工企业安全评价操作实务 [M]. 北京：冶金工业出版社，2007.

[45] 陈连进，吴方靖，郭定国. 建筑施工安全技术与管理 [M]. 北京：气象出版社，2008.

[46] 杨文柱. 建筑安全工程 [M]. 北京：机械工业出版社，2004.

[47] 赵挺生，葛莉. 工程安全与防灾减灾 [M]. 武汉：华中科技大学出版社，2008.

[48] 董立斋，巩长春. 工业安全评价理论和方法 [M]. 北京：机械工业出版社，1988.

[49] 罗云. 建筑业员工安全知识读本 [M]. 北京：煤炭工业出版社，2008.

[50] 赵耀江. 安全评价理论与方法 [M]. 北京：煤炭工业出版社，2008.

[51] 张贵生、孙晋、陈松，建筑施工危险源的类型与分析 [J]. 山西建筑，2007（2）：204～205.

[52] 吴宗之，高进东，魏利军. 危险评价方法及其应用 [M]. 北京：冶金工业出版社，2002.5：38～40.

[53] 杜思才. 控制人的不安全行为保证企业的安全生产 [J]. 安徽电力，2007，24（1）：62～65.

[54] 张文渊. 工程建设施工安全事故发生规律探析 [J]. 安全与健康，2002（11）：45～47.

[55] 孙俊伟. 建筑施工安全生产危险源辨识与控制 [D]. 重庆：重庆大学，2007.

[56] 王国进. 把预案做到工作岗位上 [J]. 现代职业安全，2005（4）：52～53.

[57] 蒋勇. 建筑施工现场重大事故应急预案的编制 [J]. 建筑安全，2005（6）：9～11.

[58] 黄光振. 浅析施工企业应急预案存在的问题及应对措施 [J]. 建筑与工程，2007（4）：86.

[59] 巫永明. 建设工程施工现场那全是故应急预案 [J]. 建筑安全，2004（6）：39～40.

[60] 张乃超. 建筑工程施工安全评价体系研究 [D]. 西安：西安理工大学，2010.

[61] 陈振. 建筑施工危险源的辨识、风险评价与控制 [D]. 武汉：华中科技大学，2009.

[62] 林文剑. 安全评价方法在建筑施工中的应用 [D]. 重庆：重庆大学，2007.

[63] 闫秀芳. 地铁工程施工现场安全风险管理研究 [D]. 北京：北京交通大学，2009.

[64] Leveson, Nancy G. A New Accident Modle for Engneering Safer Systems {J}. Safty Science, 2004, 42（4）：237～270.

[65] 张永平. 综合原因论在事故调查中的应用 [J]. 科技致富向导，2011（23）：291.

[66] 全国注册安全工程师执业资格考试辅导教材编审委员会. 安全生产法及相关法律知识（2006年版）. 北京：中国大百科全书出版社，2006.